essentials

essentials liefern aktuelles Wissen in konzentrierter Form. Die Essenz dessen, worauf es als „State-of-the-Art" in der gegenwärtigen Fachdiskussion oder in der Praxis ankommt. *essentials* informieren schnell, unkompliziert und verständlich

- als Einführung in ein aktuelles Thema aus Ihrem Fachgebiet
- als Einstieg in ein für Sie noch unbekanntes Themenfeld
- als Einblick, um zum Thema mitreden zu können

Die Bücher in elektronischer und gedruckter Form bringen das Fachwissen von Springerautor*innen kompakt zur Darstellung. Sie sind besonders für die Nutzung als eBook auf Tablet-PCs, eBook-Readern und Smartphones geeignet. *essentials* sind Wissensbausteine aus den Wirtschafts-, Sozial- und Geisteswissenschaften, aus Technik und Naturwissenschaften sowie aus Medizin, Psychologie und Gesundheitsberufen. Von renommierten Autor*innen aller Springer-Verlagsmarken.

Hansotto Reiber

Liquordiagnostik in der Neurologie

Paradigmenwechsel bei
Hirn-Schranken, Immunsystem und
chronischen Krankheiten

 Springer

Hansotto Reiber
CSF and Complexity Studies
Universität Göttingen
Göttingen, Niedersachsen, Deutschland

ISSN 2197-6708 ISSN 2197-6716 (electronic)
essentials
ISBN 978-3-662-68135-0 ISBN 978-3-662-68136-7 (eBook)
https://doi.org/10.1007/978-3-662-68136-7

Die Deutsche Nationalbibliothek verzeichnet diese Publikation in der Deutschen Nationalbibliografie; detaillierte bibliografische Daten sind im Internet über http://dnb.d-nb.de abrufbar.

Planung/Lektorat: Christine Lerche
Springer ist ein Imprint der eingetragenen Gesellschaft Springer-Verlag GmbH, DE und ist ein Teil von Springer Nature.
Die Anschrift der Gesellschaft ist: Heidelberger Platz 3, 14197 Berlin, Germany

Das Papier dieses Produkts ist recyclebar.

Was Sie in diesem *essential* finden können

- Krankheitstypische Datenmuster neurologischer Krankheiten
- Biophysik der biologischen Schrankenfunktionen
- Lymphozyten- und Zytokin-Netzwerke als Interpretationsbasis
- Chronische Krankheit als stabiler Attraktor verminderter Komplexität
- Wissenschaftstheoretischer Kommentar

„Die gerade Linie ist ein Verbrechen".
(Friedensreich Hundertwasser, Künstler)

Vorwort

In meinen langjährigen Bemühungen um eine Verbesserung der Liquordiagnostik habe ich gelernt, wie wichtig unsere Krankheitsmodelle für eine gute Diagnostik sind. Durch die Kombination von biologisch zusammenhängenden Daten entstehen krankheitstypische Datenmuster, die aber nur adäquat interpretierbar sind, wenn unsere Krankheitsmodelle dies auch zulassen. Dass diese, oft nur impliziten, Modelle nicht realistisch sind, sieht man u. a. daran, dass für keine der chronischen Krankheiten ein ausreichendes Verständnis existiert, das die Entwicklung einer kausalen Therapie erlaubt hätte.

Vor allem das Verständnis nichtlinearer Zusammenhänge in biophysikalischen und biologischen Prozessen mag zur Entwicklung besserer Krankheitsmodelle mit entsprechenden Auswirkungen für Diagnostik und Therapie beitragen. Das bedeutet aber auch, mit einigen althergebrachten Lehrmeinungen zu brechen und gar nicht so neue relevantere Paradigmen zu akzeptieren.

Mehr als andere Gebiete der klinisch-chemischen Labordiagnostik setzte die Liquordiagnostik neue Interpretationsmodelle voraus und hat dadurch auch zu einer entsprechenden Entwicklung dieser Gebiete beigetragen.

Das Gehirn mit seinen besonders differenzierten Funktionen und Stoffwechselbedingungen braucht viel mehr als andere Organe eine komplexe Abgrenzung gegenüber dem Blut, die Blut-Hirn-Schranke. Das Verständnis dieser Schrankenfunktion wurde zu einer zentralen Herausforderung für die Liquordiagnostik aber auch für die Neuroimmunologie.

In der Liquordiagnostik muss das, was spezifisch für die Reaktionen im Gehirn ist, von dem getrennt werden, was evtl. unspezifisch aus dem Blut stammt. Insbesondere für die Immunglobulinsynthese im Gehirn bei entzündlichen Prozessen wurden dafür schon seit über hundert Jahren verschiedenste praktische Methoden entwickelt. Eine dieser Methoden war die in den 1920er Jahren entwickelte, als

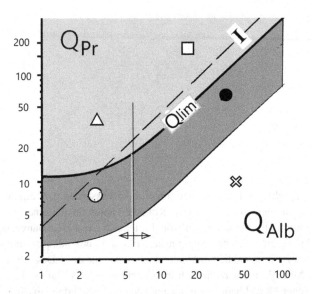

Abb. 1 Das Liquor/Serum Quotientendiagramm für Proteine, QPr. Qlim ist die hyperboli-sche Grenzlinie zwischen einer aus dem Blut (dunkler Bereich) stammenden Proteinfraktion und einer im Hirn synthetisierten Fraktion dieses Proteins (hellerer Bereich darüber) mit fünf Interpretationsbereichen. Als Referenzprotein dient das ausschließlich aus dem Blut stammende Albumin (QAlb) mit einer Grenzlinie zwischen Normal und Schrankenstörung. Die gestrichelte Linie repräsentiert den althergebrachten Index I = QPr/QAlb, einen meist numerisch verwendeten, linearen Grenzwert

Diagramm dargestellte qualitative Mastixreaktion. An der Form der Kurve wurde der Arzt bei entsprechender klinischer Fragestellung direkt auf eine mögliche Multiple Sklerose, eine Neurosyphilis oder eine Neurotuberkulose hingewiesen. Das Neurochemische Labor der Neurologischen Universitätsklinik in Göttingen hatte in einem der fortschrittlichsten Befundberichte, der alle für die Diagnose verfügbaren Daten eines Patienten zusammenfasste, noch 1978 diese Graphik integriert. Die in der Praxis hohe Akzeptanz des „auf einen Blick" -Erkennens eines krankheitstypischen Musters, wurde mir zum Vorbild für die Einführung von Diagrammen für die Immunreaktion, die allerdings auf quantitativer Analytik und zunehmend wissensbasierten, nichtlinearen Interpretationsgrenzen beruhen (Abb. 1).

Die hyperbolische Grenzlinie (Abb. 1) ist eine mathematisch aus Molekül-Diffusion und Liquorfluss herleitbare Funktion, die ohne ein entsprechendes

Schrankenmodell nicht entstanden wäre. Die in den 1960er und 1970er Jahren entwickelten und teilweise bis heute gebräuchlichen linearen Auswerteverfahren der Liquordaten, wie der IgG Index (I in Abb 1) entbehren dagegen einer biophysikalischen Grundlage. Das geht einher mit einem schwerwiegenden theoretischen Defizit im Verständnis der Schrankenfunktion: Die bei vielen neurologischen Krankheiten pathologisch erhöhten Proteinkonzentrationen im Liquor werden ganz schlicht mit einem Loch in der Blut-Hirn-Schranke erklärt. Das ist für die meisten Neurowissenschaftler bis heute anscheinend[1] plausibel, aber so falsch wie die Erwartung, dass ein Stein, den man in den See wirft, ein Loch im Wasser hinterlässt.

Dieses erstaunliche Beharren auf einem mechanischen Verständnis biologischer Prozesse bewegt mich, hier die aktuellen Wissensbasen darzustellen. Das setzt vor allem voraus, sich mit der nichtlinearen Dynamik biologischer Prozesse auseinanderzusetzen. Schon die einfachste Simulation der Dynamik des Zellstoffwechsels anhand von 6 Enzymen des Glykolysestoffwechsels aus den ca 1000 Enzymen einer Zelle zeigt nicht nur eine rhythmische Konzentrationsschwankung in den Reaktionsprodukten (Abb. 2), sondern auch, wie geringfügigste Konzentrationsfluktuationen einen Wechsel der Rhythmik bewirken können, der so grundsätzlich wie der Wechsel zwischen gesunder und pathologischer Regulation sein kann. Jede der rückgekoppelten Reaktionen in der Biologie mit nichtlinearen Funktionen ist rhythmisch, wie sie z. B. in der Zeitreihe (Abb. 2) gezeigt wird. Zur Interpretation von Zeitreihen und den spontanen Wechseln in regulierten Systemen werden wir einen Ausflug in die Komplexitätswissenschaft benötigen.

An der Persistenz des Leakage-Modell der Schrankenfunktion können wir auch die überholten Vorstellungen einer genozentrischen Biologie erkennen. Ein besseres Verständnis einer phänotypischen Biologie würde solche Leak-Modelle für eine seit 500 Millionen Jahren speziesübergreifend bewährten, stabilen biologischen Struktur, a priori nicht plausibel erscheinen lassen. Die Beschäftigung mit der materiellen Selbstorganisation und den Grundlagen der Formentwicklung in der Biologie sind hier hilfreich.

Auch in der alltäglichen Liquordiagnostik wird, insbesondere bei der Differenzierung chronischer, Virus-getriebener, autoimmuner oder Immunsystem-assoziierter Pathologien nach Infektionen oder Impfungen (z. B., Chronisches Fatigue-Syndrom), deutlich, dass wir einen anderen Umgang mit chronischen Erkrankungen brauchen. So würde mit dem Verständnis des Netzwerkcharakters

---

[1] In 94500 Zitaten zu *Blood Brain Barrier* in den letzten 10 Jahren wird 78900-mal von impairment, 71900-mal von breakdown und 56400-mal von leakage gesprochen (Google-Abruf 14.3.2023, Zeitraum 2013-2023)

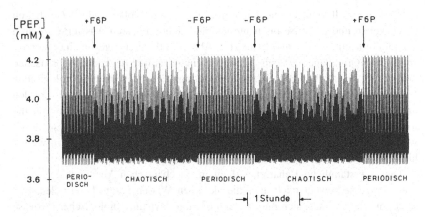

Abb. 2 Zeitreihe der Glykolyse-Oszillation. Die zeitlichen Schwankungen des Glukose-Stoffwechsels in der biologischen Zelle sind mit 6 isolierten Enzymen der Glykolyse direkt in einer Messküvette im Photometer simuliert und registriert worden. Minimale Änderungen (1/1000) in der Konzentration eines Zwischenproduktes der Reaktionskette, hier Fruktose-6-Phosphat, können spontane Übergänge zwischen periodischen, quasiperiodischen und chaotischen Konzentrationsschwankungen bewirken (aus B. Hess et al, 1980)

des Immunsystems nicht weiterhin der Nachweis polyspezifischer Antikörper im Liquor zum Anlass genommen, nach einem ursächlichen Antigen zu suchen.

Das Modell der Arbeitsgruppe von E. Mayer mit nichtlinearen Interaktionen zwischen Antigen und Antikörper (Abb. 3) führt zu neuen pathophysiologischen Konzepten. In diesem Sinne ist die chronische Krankheit ein stabiler Regelzustand („steady state"), der als Attraktor (hier Punkt-Attraktor in Abb. 3) sichtbar gemacht werden kann.

Die Analytik und Interpretation nichtlinearer Funktionen stellt neue Fragen und bietet neue Ansätze für eine bislang unbefriedigende Liquordiagnostik bei chronischen Erkrankungen. Wir analysieren danach bei einer Krankheit nicht mehr die Konzentrationsänderung einzelner Parameter, sondern die Veränderung in der Komplexität der Regulation.

Der Kommentar Hundertwassers ist also nicht nur eine ästhetische, sondern auch biologische Weisheit. Die Natur hat durchweg nur ‚gebrochene' Dimensionen. Ihre Formen und Funktionen sind fraktal.

„In der Natur gibt es weder eine lineare Ursache-Wirkungs-Funktion noch eine wirklich gerade Linie oder ebene Fläche."

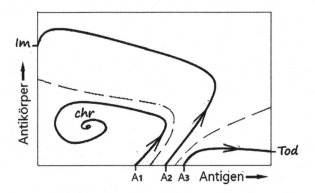

Abb. 3 Modell für die Entstehung einer chronischen Erkrankung. Ausgehend von unterschiedlich hohen Antigen Konzentrationen A1, A2, A3 (z. B. Viral load) führt die Kompetition zwischen Antigenvermehrung und Produktion neutralisierender Antikörper meist zur Immunität (Im). Bei hoher, z. B. Viruslast führt die Reaktion zum Tod und im Fall einer niedrigen Antigenmenge zu einem chronischen Zustand (Attraktor, chr), bei dem nicht genügend Antikörper vorhanden sind, um das Antigen zu eliminieren (mod. nach Mayer et al. 1995)

Die schwer nachvollziehbaren Gründe der, trotz negativer Konsequenzen für die Patienten, über Jahrzehnte nicht vollzogenen Paradigmenwechsel, mögen einen abschließenden wissenschaftstheoretischen Kommentar rechtfertigen.

Hansotto Reiber

Die Originalversion des Anhangs wurde revidiert. Ein Erratum ist verfügbar unter https://doi.org/10.1007/978-3-662-68136-7_10

Danksagung

In Erinnerung an Brian C. Goodwin, der mir als Tutor für komplexe Systeme und als Freund über viele Jahre ein inspirierender Gesprächspartner war. Karl Bechter danke ich für die vielen Anregungen zum Thema psychiatrischer Krankheiten. Mein Dank gilt auch Eliana Marin Afonso, Kee Nuket Wongkhen, Leonie K. Kühne, Greta Z. Kühne, Cornelius Reiber und insbesondere Petra C. Schlüter, die zum Gelingen dieses Textes wesentlich beigetragen haben.

Inhaltsverzeichnis

Die Zerebrospinalflüssigkeit – Der Liquor

Im Vergleich zum Blut ist der Liquor eine wasserklare Flüssigkeit, praktisch ohne Zellen und mit geringem Proteingehalt. Lediglich der Salzgehalt ist wie im Blut und Extrazellulärraum nur wenig verschieden vom Salzgehalt des Meerwassers, der Urflüssigkeit der Evolution.

Es ist wichtig zu verstehen, dass alle Moleküle, die es im Blut gibt, prinzipiell auch im Liquor zu finden sind, wo ihre Konzentrationen lediglich eine Frage der spezifischen Schrankenpassage und bei Proteinen der Molekülgröße sind.

Die Zusammensetzung des Liquorinhaltes ist die Summe aller aus der Umgebung der Ventrikel eindiffundierenden und eintransportierten Moleküle und ändert sich ständig entlang des Flussweges durch den Subarachnoidalraum.

1.1 Die biologische Funktion des Liquors

Interpretationen für die Funktion des Liquors und des Liquorraumes reichten in den vergangenen 1000 Jahren vom „Sitz der Seele" bis hin zum „Abwasserkanal des Hirnstoffwechsels („sink"). Die wichtigste, wenngleich im Alltag unbemerkt, bleibt jedoch seine mechanische Funktion: Unser Gehirn schwimmt im Liquor. Ohne die auftriebsbedingte Pufferwirkung des Liquors würde uns jeder Schritt Kopfschmerzen bereiten. Bekanntermaßen bedarf es eines den Schädel sehr schnell beschleunigenden Boxschlags, um das Gehirn an den Schädel zu quetschen und so den Boxer von den Beinen zu holen. Der Liquorraum mit seinen flexiblen Hüllen (Hirnhäute) puffert auch die lokalen Druckpulse, die von den physiologischen Funktionen wie Atmung und Herzrhythmus herrühren.

Liquor cerebrospinalis (Liquor, CSF); Engl: Cerebrospinal fluid (CSF), Spanisch: Liquido cefalorraquideo (LCR) und Französisch: liquide cephalo-rachidienne (LCR)

H. Reiber, *Liquordiagnostik in der Neurologie*, essentials, https://doi.org/10.1007/978-3-662-68136-7_1

Der Subarachnoidalraum ist der Raum (grau markiert) zwischen den beiden Hirnhäuten Arachnoidea und Pia Mater. Die dritte Hirnhaut, die Dura mater grenzt das Gehirn von der Schädeldecke ab. Der Liquor wird in den Plexus choroidei der Ventrikel gebildet (1 = I. und II. lateraler Ventrikel; 2 = III. Ventrikel; 3 = IV. Ventrikel) und fließt durch die Aperturen (4 und 5) in die Zisternen (6 bis 9) wo es zur Aufteilung in einen lumbalen und einen kortikalen Anteil kommt. Im kortikalen Zweig des Subarachnoidalraumes wird der Liquor durch die ventilartigen Arachnoidalzotten und im lumbalen Zweig zusätzlich entlang der spinalen Nervenwurzeln in das venöse Blut drainiert.

1.2   Das Liquor- Kompartiment und seine Begrenzungen

Der Liquorraum wird als ein Kompartiment innerhalb des Gehirns durch eine Vielzahl von Strukturen einerseits gegen das Gehirn und andererseits gegen das Blut abgegrenzt (Abb. 1.1).

Blut-Hirn Grenzen

600 km Kapillaren mit einer Oberfläche von 12–18 m^2 versorgen das Hirn mit aus dem Blut stammenden Molekülen. Mit einem mittleren Abstand zwischen den Kapillaren von 40 μm werden die Hirnzellen mit ihrem hohen Energie- und Materie-Bedarf optimal versorgt.

Die größte Oberfläche zwischen Blut und Hirn sind die Endothelzellwände der Kapillaren, die im Gehirn durch interzelluläre Tight Junctions weniger durchlässig sind, als in anderen Organen. In verschiedenen Bereichen sind die Hirnkapillaren zusätzlich zu der Endothelzellschicht mit einer dichten Basalmembran und einer perivaskulären astroglialen Zellschicht umgeben, in anderen Bereichen dagegen sind die Kapillaren offen fenestriert.

Hirn-Liquor Grenzen

Der Liquor fließt hauptsächlich im Subarachnoidalraum zwischen den beiden Hirnhäuten, Pia Mater und Arachnoidea. Die Pia Mater legt sich dicht an die Gehirnoberfläche mit ihren vielen Einstülpungen. Sie ist die innere Grenzschicht des Liquorraums. Die äußere Grenze ist die Arachnoidea, die den Liquor gegen den Subduralraum, den Zwischenraum zur dritten Hirnhaut, der Dura mater, abgrenzt (Abb. 1.1). Die Schranken zum Liquorraum bestehen aber an vielen Stellen aus zwei Zellschichten verschiedener Dichte, wie das Endothel/Epithel-Paar im Ventrikel. Im Plexus choroideus passieren die Proteine zuerst die fenestrierten Kapillarwände (s. Liquorproduktion), bevor sie durch die mit Tight Junctions

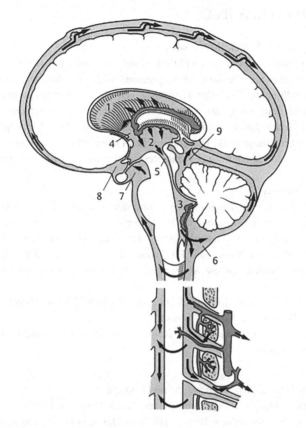

Abb. 1.1 Liquorräume und Liquorfluss

verbunden „dichtere" Epithelzellschicht stärker behindert werden. Umgekehrt ist es in der restlichen Ventrikeloberfläche mit einem dichten Kapillarendothel und weniger dichten Ependymschichten (Gap Junctions). Diese Doppelstruktur findet sich auch in den zirkumventrikulären Organen (CVO) mit fenestrierten Kapillaren, aber dichter Ependymzellschicht.

1.3   Der Liquor fließt

Bildgebung versus Moleküldynamik
Die Liquorproduktion, die Netto-Flussrichtung, wie auch die Abflusswege sind erstaunlicherweise auch heute noch Gegenstand widersprüchlicher wissenschaftlicher Abhandlungen. Eine der Hauptursachen der Interpretationsunterschiede ist die verschiedene Informationsbasis. Meine Datenbasis ist die quasi in-vivo-Information zu der durch ventrikuläre, zysternale und lumbale Liquorpunktionen gewonnenen Proteindynamik. Die empirischen Daten sind durch biophysikalische Modelle, basierend auf nur zwei Parametern, Diffusion und Fluss, verifiziert.

Liquorproduktion
Für das Verständnis der Liquordynamik und der Schrankenfunktion kommt der aktiven Produktion des Liquors in den Choroid Plexus der vier Ventrikel eine besondere Bedeutung zu. Altersabhängig oder – im pathologischen Fall – durch entzündliche Prozesse nimmt die Produktion des Liquors ab, der Liquor fließt langsamer und damit steigt die Konzentration der Serumproteine im Liquor an.

Die Geschwindigkeit der Liquorproduktion und damit des Liquor-Flusses hängt von dem aktiven Wassertransport im Plexus ab
Die komplexen enzymatischen Prozesse des Wassertransports sind im folgenden Container beschrieben.

Liquorproduktion, Zusammensetzung und Turnover
Der Liquor wird im Plexus choroideus der 4 Ventrikel durch die kontinuierliche Produktion von Wasser gebildet. Daran sind vier enzymatische Funktionen beteiligt:
Die apikale Na–K- ATPase erhöht die Natrium- und senkt die Kaliumkonzentration.
Mit dem luminalen Natrium/Bikarbonat-Cotransporter wird ein starker osmotischer Gradient als treibende Kraft für den Wasserfluss in den Liquor erzeugt.
Das Wasserkanalprotein Aquaporin-1 macht den Wasserfluss 10-mal schneller als die reine Wasser-Diffusion durch die lipophile Lipiddoppelschicht der Zellmembran.
Der vaskuläre endotheliale Wachstumsfaktor (VEGF) hält die durchlässigen, gefensterten Kapillaren im Plexus aktiv offen.

Jede Störung dieser enzymatischen Funktionen verlangsamt die Liquor-produktion und den Liquorfluss, was zum Anstieg der Konzentration der Serumproteine im Liquor (z. B., Albumin, QAlb) führt. Das wird allgemein als Störung der Blut-Liquor Schrankenfunktion (dysfunction) bezeichnet.

Zusammensetzung des Ventrikelliquors
Die Zusammensetzung des Ventrikelliquor hängt von folgenden Einflüssen ab:

1. Wasser-Strom (molecular flux, ein Energie-verbrauchender aktiver Prozess)
2. Proteine aus dem Blut (Diffusion)
3. Proteine aus den Gehirnzellen (Diffusion)
4. Proteine aus dem Plexus choroideus (Diffusion)
5. Proteine, die mit der Extrazellulärflüssigkeit (flow) einfließen
6. Niedermolekulare Verbindungen (Aminosären, Glucose, Vitamin C, etc.) kommen durch transzellulären, durch Carrier erleichterten oder energiever-brauchenden, aktiven Transport in den Liquor.

Ventrikulärer Liquor ist kein Ultrafiltrat des Blutes. Er ist eine aktive Kreation aus molekularem Wasser und Proteinen, sowie Salzen usw. aus verschiedenen Ventrikel-nahen Quellen.

Volumina und Umsatzgeschwindigkeit
Mit einem variablen Ventrikelvolumen zwischen 7 bis 60 ml variiert die Größe der Plexus choroidei und damit auch das Liquor-Produktionsvolumen von Mensch zu Mensch. Die mittlere Bildungsgeschwindigkeit des Liquors ist altersabhängig abnehmend zwischen 500 ml/Tag im jungen Erwachsenen und 250 ml/Tag beim älteren Menschen. Die lokale mittlere Umsatzrate im lumbalen Liquor ist doppelt so hoch beim aktiven als beim ruhenden Probanden. Mit einem Gesamtvolumen des Liquors im Erwachsenen von ca. 140 ml (mittleres Ventrikelvolumen 12–23 ml und spinaler Subarachnoidalraum 30 ml) wird der Liquor also je nach Alter 2–4-mal täglich erneuert. Die aktive Sekretion im Plexus macht etwa 60–70 % des lumbalen Liquors aus. Der Anteil der langsamer fließenden Extrazellulärflüssigkeit (CSF fließt 10-fach schneller als die ECF), die entlang des Liquor-Flussweges im lumbalen und kortikalen Subarachnoidalraum hinzukommt, kann etwa 10 % des lumbalen Liquors ausmachen.

Flussrichtung

Die molekularen Messdaten im Liquor zeigen einen eindeutigen rostro-kaudal gerichteten Netto-Liquorfluss mit Teilung in einen cortikalen und lumbalen Flussweg (Abb. 1.1). Die nichtlineare Konzentrationszunahme der Blutproteine zwischen Ventrikel und lumbalem Liquor und auch die umgekehrten, aber linearen, rostro-kaudalen Gradienten der Proteine aus den Hirnzellen, dem Plexus und den Leptomeningen (s. u.) sind so theoretisch erklärbar. Eine bei einigen Tierspezies mögliche Drainage des Liquors zum Lymphsystem ist beim Menschen von der Menge her offensichtlich nicht relevant. Diese Sichtweise ist auch durch die Entwicklungsbiologie des Gehirns gesichert. Die extrem hohen Proteinkonzentrationen im fötalen Liquor beruhen auf einer strukturell ausgereiften „Schranke" mit Tight Junctions bei gleichzeitig bereits vorhandener Liquorproduktion im Plexus. Durch mangelnden Abfluss des Liquors bleiben die Konzentrationen der Serumproteine im fötalen Liquor hoch. Erst mit der Entwicklung der Arachnoidalzotten ab dem Zeitpunkt der Geburt erreichen die im fötalen Hirn 40-fach höheren Proteinkonzentration des Liquors ihre niedrigsten Werte im 4. Monat nach der Geburt. Über mögliche Veränderungen an den Spinalwurzeln in diesem Zeitraum ist mir nichts bekannt.

Die mit bildgebenden Verfahren gemachten Beobachtungen der Druckpulse im Liquor haben zu einiger Verwirrung über den Nettofluss geführt. Die Strahl-ähnlichen Flüssigkeitsbewegungen durch die Apertur zurück in den 4. Ventrikel sind beeindruckend, suggerieren aber einen falschen Eindruck bezüglich des Nettoflusses mit einem im Subarachnoidalraum stabilen, rostro-kaudalen Konzentrationsgradienten (Reiber 2021).

Abfluss des Liquors

Die Relevanz möglicher Abflusswege des Liquors ins venöse Blut wird aktuell anhand bildgebender Verfahren neu diskutiert. Unterschiede des Abflusses im kortikalen und lumbalen Zweig des Subarachnoidalraumes sind dabei zu berücksichtigen ebenso wie die Verteilung der Abflussmengen durch die Arachnoidalzotten und entlang der Nervenwurzeln.

Jede der verschiedenen Hypothesen insbesondere die Lymphatics-Modelle müssen sich an der Erklärung der Dynamik der Serum- und der Hirnproteine, z. B. bei einer Lumbalstenose (Abschn. 2.6) messen lassen.

Unabhängig von Diskussionen über die Abflusswege ist ein Fakt wichtig:
Der Liquor verlässt den Liquorraum komplett („bulk flow"), d. h. ohne Filtration einzelner Bestandteile.

Schrankenfunktionen

2

Die Schranken

Die Kompartimentierung im Organismus, vom Organ bis zur einzelnen Zelle, ist eine wichtige Funktion für die Aufrechterhaltung spezieller, von der Umwelt abgegrenzter Funktionen. Die Zellmembran ist die älteste Form einer Schranke. Im Zusammenhang mit der Liquordiagnostik interessieren die Blut-Hirn und Blut-Liquor Schranken. Das sind vor allem die Endothelzellschichten der Blutgefäßwände, durch die sich die verschiedenen Organe mit dem Organ-spezifischen Bedarf an Sauerstoff, Energie und Molekülen versorgen lassen. Im Gehirn scheinen die Endothel-assoziierten Strukturen der Hirnkapillaren von unüberschaubarer Vielfalt. Jeder Bereich, ob Plexus oder zircumventrikuläre Organe, Trabekel der Meningen oder Hirnparenchym, hat eine andere Struktur der Blut-Hirn oder Blut-Liquor-Schranken.

Das was uns hier interessiert, sind die funktionalen Gemeinsamkeiten dieser Strukturen. Damit wird alles sehr viel einfacher. Für die Schrankenpassage haben wir nur zwei prinzipiell verschiedene Lösungen: das ist die transzelluläre Passage (A in Abb. 2.1) und die interzelluläre Passage (B in Abb 2.1). Die erstere ist charakterisiert durch die Permeabilität der lipophilen Membranstrukturen (Einschub in Abb. 2.1), die zweite basiert auf dem Molekülstrom als Diffusion in rein wässriger Phase. Für die Transmembranpassage sind in der Evolution eine große Zahl von Proteinstrukturen in der Membran entstanden, vor allem um polare Metaboliten in die Zelle gelangen zu lassen. Das sind hoch regulierte Transportsysteme verschiedenster Art.

Die Originalversion des Kapitels wurde revidiert. Ein Erratum ist verfügbar unter https://doi.org/10.1007/978-3-662-68136-7_10

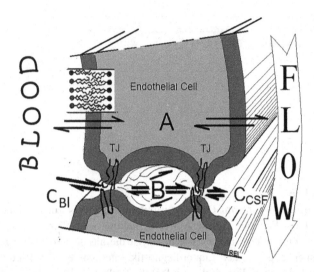

Abb. 2.1 Transzelluläre (A) und interzelluläre (B) Schrankenpassage aus dem Blut in den vorbeifließenden Liquor oder in die Extrazellulärflüssigkeit. Die transzelluläre Passage durch Endothelzellen verläuft durch Lipid-bilayer-Membranen (Vergrößerung mit äußeren polaren Phasen und einer inneren lipophilen Phase). Interzelluläre Passagewege führen durch ein dichtes Netzwerk von interzellulären Junctions in der Wasserphase (TJ, Tight Junctions mit Transmembranproteinen). Der Diffusionsgradient zwischen der Blutkonzentration (C_{Bl}) und der Konzentration im Liquor (C_{CSF}) ist nichtlinear

Die interzelluläre Schrankenfunktion beruht dagegen primär auf passiver, struktureller Einschränkung des Molekültransfers, für den es keine spezifische Regulation gibt.

Permeabilität

Um den Durchgang von Nichtelektrolyten durch eine Biomembran (Zellmembran, Lipid-Doppelschichtmembran) zu beschreiben (A in Abb. 2.1) wurde der Begriff Permeabilität verwendet, der einer Passage durch hydrophile und lipophile Phasen mit unterschiedlichen Mechanismen gerecht wird. Der Permeabilitätskoeffizient, $P = K \, D_m/d$ (cm/s), ist eine Geschwindigkeit. Dabei spielt der Verteilungskoeffizient K zwischen der Wasserphase und der Lipidphase und der Diffusionskoeffizient in der Lipid-Membran, D_m, neben der Dicke der Membran, d, eine Rolle. Die Rechnung mit der Permeabilität ist geeignet, wenn es darum geht, die Geschwindigkeit der Schrankenpassage lipophiler Substanzen (z. B. Medikamente) zu vergleichen. Der Begriff Permeabilität für die Passage durch Lipidphasen ist jedoch nicht geeignet für die Beschreibung des interzellulären Proteintransfers in wässriger Phase.

2.1 Interzelluläre Passage – Diffusion und Molekülstrom

Die Bewegung von Proteinen im Organismus ist beschränkt auf passive Diffusion durch die interzellulären Strukturen von Zellschichten (B in Abb. 2.1), die mit sehr verschiedenen Strukturen die freie Diffusion in wässriger Phase behindern. Die dichtesten interzellulären Strukturen, die Tight Junctions, TJ, stellen mit den lateralen Diffusionswegen in der Extrazellulärflüssigkeit (ECF) ein dreidimensionales Labyrinth dar. Auch wenn das in der fixierten, zweidimensionalen, neuropathologischen Darstellung nicht so aussieht, passieren die größten Moleküle, selbst ganze Zellen, diese biologischen Strukturen.

Die Proteinpassage beruht allein auf der Diffusion durch die Schrankenstrukturen

Das Blut-Liquor Konzentrationsverhältnis für Proteine
Für die aus dem Serum in den Liquor diffundierenden Proteine werden die Molekülgrößen- abhängigen Verhältnisse in Tab. 2.1 gezeigt. Ausschlaggebend für den Konzentrations-Gradienten zwischen Blut und Liquor ist der mittlere molekulare Radius, R (nicht das Molekulargewicht, MG). Der CSF/Serum-Gradient zeigt die Abhängigkeit von der Molekülgröße, und dass die Liquor Konzentrationen mit ca. 0,3 bis 5 Promille der Serumkonzentrationen extrem niedrig sind.

Die Tatsache, dass die Moleküle, die vom Serum in den Liquor diffundieren, im Liquor nie die Serumkonzentration erreichen, hatte schon vor 60 Jahren Hugh Davson richtigerweise dem stetigen Abtransport der Serummoleküle durch den Liquorfluss zugeordnet.

Die Konzentrationen der Serumproteine im Liquor (Tab. 2.1) stellen einen „steady state" dar zwischen passivem Einstrom (Diffusion) und Abtransport durch den Bulk Flow des Liquors.

Der Liquor/Serum-Konzentrations-Quotient
Mit dem Zusammenhang in Tab. 2.1 ist auch schon seit über 50 Jahren die Einführung eines Liquor/Serum-Konzentrationsgradienten naheliegend gewesen,

Tab. 2.1 Molekülgrößen-bezogene Konzentrationsgradienten zwischen normalem Blut und normalem lumbalem Liquor. IgG, monomeres IgA, pentameres IgM and monomere Freie Leichtketten kappa (FLC-K). R = effektiver mittlerer Molekülradius (diffusionsrelevant); MG = Molekulargewicht; zugrunde gelegt wurden Liquor/Serum-Verhältnisse aus den Hyperbelfunktionen bei QAlb = 5×10^{-3}

	MG (kDa)	R (nm)	Serum g/l	Ser: CSF Mean
Alb	69	**3,58**	35–55	**200:1**
IgG	150	**5,34**	7–16	**429:1**
IgA	160	**5,68**	0,7–4,5	**775:1**
IgM	971	**12,1**	0,4–2,6	**3300:1**
FLC-K	22,5	n.d	≈ 0,01	**100:1**

um die Variation der Liquorkonzentrationen durch eine individuell schwankende Serumkonzentration der Moleküle zu eliminieren. Mit den L/S Quotienten (z. B. QAlb = 0,005 = 5×10^{-3}) erhält man so eine normierte, dimensionslose Liquorkonzentration mit Werten zwischen 0 und 1 (Abb. 1 und 2.2).

2.2 Das Diffusions/Fluss-Modell der Schrankenfunktion

In Abb. 2.1 wird die interzelluläre Passage von Proteinen aus dem Blut in den Liquor dargestellt. Funktional steht dahinter ein nichtlinearer Diffusionsgradient. Der früher als linear betrachtete Unterschied (C_{Ser} -C_{CSF}) war einer der Irrtümer der früheren Schrankenmodelle. Die Änderung dieser Vorstellungen setzt die Kenntnis der Diffusionsphysik voraus.

DIFFUSION

Diffusion ist der Prozess, bei dem sich Moleküle durch zufällige kinetische Bewegungen (Wärme) ungerichtet in einer Lösung oder als Gas bewegen, ein so genannter Random Walk. Die Moleküle verhalten sich unabhängig voneinander (verdünnte Lösung). Durch Zusammenstöße mit Lösungsmittelmolekülen können sie sich mal zu den höheren und mal zu den niedrigeren Konzentrationen bewegen. Es ist nicht möglich zu sagen, in welche Richtung sich das Molekül in einer bestimmten Zeit bewegen wird.

Trotz der zufälligen Wanderung des einzelnen Moleküls ist ein Nettostrom in eine Richtung, entlang eines Konzentrationsgradienten möglich. Die Anzahl der Moleküle im Bereich der höheren Konzentration, die in den Bereich der niedrigeren

Konzentration diffundieren, ist statistisch größer als die Anzahl der Moleküle aus dem Bereich der niedrigeren Konzentration, die sich in den Bereich der höheren Konzentration bewegen. Die Nettodiffusion ist auf ein Gleichgewicht ausgerichtet.

Molekülstrom

Die Schrankenpassage durch den wässrigen Interzellulärraum beschreibt man als Molekülstrom (Molecular Flux). Wie wir im Diffusions-Fluss-Modell (Abb. 2.2) sehen, bezieht sich der Molekülstrom, $J = -D\, dc/dx$ (mol/cm$^2\cdot$sec), nicht auf die Gesamt-Konzentrationsdifferenz ($C_{ser} - C_{CSF}$), sondern auf den lokalen Konzentrationsgradienten dc/dx an der Grenze zum Liquor. Dieser Unterschied hängt damit zusammen, dass der Diffusionsgradient nicht linear ist. Die Molekülgröße wird durch die Diffusionskonstante, D, berücksichtigt. Der Ausdruck ist negativ, weil der Wert in Richtung des Stroms abnimmt. Diese Funktion für J ist Fick's erstes Diffusionsgesetz (Abb. 2.3).

Die Abb. 2.2 stellt ein Struktur-unabhängiges Modell der Schrankenfunktion dar. Das Modell ist am besten verständlich, wenn man von einem Zustand Null ausgeht, an dem die initial geschlossene Grenze zwischen Blut (bei x = 0) und

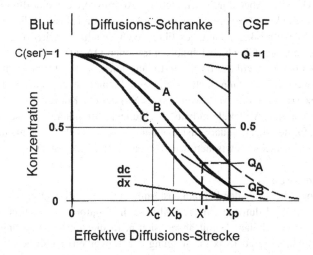

Effektive Diffusions-Strecke

Abb. 2.2 Das Diffusions-Fluss Modell der Schrankenfunktion. Zum direkten Vergleich sind die Konzentrationen der Moleküle normalisiert für C(ser) = 1 und in CSF als Q = C(CSF)/C(ser). An der Grenzfläche zum Liquor, xp, ist der lokale Konzentrationsgradient dc/dx als Tangente an die Kurve gezeigt. Das bestimmt den Molekülstrom J= −D dc/dx, d. h. die Molekülmenge, die in den Liquor gelangt

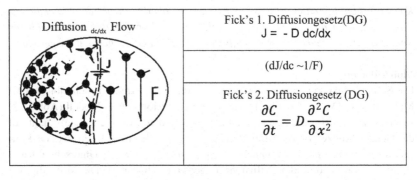

Abb. 2.3 Diffusions-Fluss Modell der Schrankenfunktion. Der Molekülstrom J (1.DG) verändert sich nichtlinear (Gauß-Funktion) mit abnehmender Geschwindigkeit des Liquorflusses, F, beschrieben mit dem 2.DG

Schrankengewebe geöffnet wird, und die Moleküle je nach Größe mehr oder weniger schnell ins Gewebe entlang der Diffusionsstrecke x diffundieren. Das würde bis zum Gleichgewicht mit gleicher Konzentration im Liquor (bei x_p) weitergehen (Q = 1). Aber durch den stetigen Abtransport der eindiffundierenden Moleküle (Molekülstrom) mit dem fließenden Liquor (Fluss, Bulk Flow) entsteht ein Molekülgrößen-abhängiges Fließgleichgewicht zwischen Einstrom und Abtransport mit den Gleichgewichtkonzentrationen QA, QB, etc.

Je größer das Molekül (C>B>A), desto langsamer ist die Diffusion entlang des Diffusionsweges. Man kann auch sagen desto kleiner ist die mittlere Eindringtiefe, angezeigt durch die Werte von X (Xc<Xb) bei der Konzentration C = Q = 0,5, wo gleich viele Moleküle in beide Richtungen diffundieren. Dieses von Einstein eingeführte ‚mean square displacement', $X_{0,5} = \sqrt{2Dt}$, ist mathematisch der einzige Unterschied zwischen den Kurven A, B, C (Anhang).

Schrankenstörung

Im pathologischen Fall der Schrankenstörung mit einer Reduktion der Flussgeschwindigkeit wird durch geringeren Abfluss die Liquorkonzentration (QA ‚QB in Abb. 2.2) lokal höher. Damit ändert sich auch die mittlere Eindringtiefe der Kurve und damit steigt dc/dx (s. Steigung der Tangenten) nichtlinear an, bis zu Q = 0,5 und nimmt dann wieder ab. Diese zeitliche nichtlineare Änderung des Molekülstroms von dJ/dt folgt Fick's 2. Diffusionsgesetz, einer Differenzialgleichung 2ten Grades, die nicht mehr explizit aufgelöst werden kann (Abb. 2.3 und Anhang).

Das ist der Grund, warum in 200 Jahren Diffusionsforschung seit Gauß nur implizite Lösungen beschrieben wurden, die auch nur für bestimmte Rahmenbedingungen möglich waren. (Crank 1975; Reiber 1994). Unter den Bedingungen des Modells in Abb. 2.2 kann die Konzentrationsänderung der Kurven entlang X durch zwei komplementäre geometrische Reihen („error function" und „error function complement") als Näherung beschrieben werden. Die Absolutwerte für QA und QB sind nicht allgemein bestimmbar. Da uns aber nur das Verhältnis Q_B/Q_A (Abb. 2.2) bei abnehmender Flussgeschwindigkeit, d. h. bei zunehmender Konzentration von Q_A und Q_B im Liquor interessiert, war es möglich, eine Lösung mit einer allgemeinen Funktion zu finden, die als Hyperbelfunktion bestimmt werden konnte (s. Anhang).

Auf dieser Basis sind die empirischen Daten in den Quotientendiagrammen (Abb. 2.4) als Basis des Reiber-Diagramms (Abb. 3.1) vollständig physikalisch und mathematisch als alleinige Konsequenz von Diffusion und Liquorflussgeschwindigkeit erklärbar geworden.

Da die Veränderung der Steigung dc/dx entlang x in Abb. 2.2 (Abb. 9.1, Anhang) einer Gauß'schen Fehlerkurve folgt (Differenzierung der Kurvenfunktion von A, B, C), entspricht die veränderte Einstrommenge entlang des rostrokaudalen Flussweges für Albumin im Liquor einer Gaußkurve, die empirisch belegt wurde und eine weitere Bestätigung des Modells darstellt.

2.3 Konsequenzen des neuen Schranken-Paradigmas

Die erhöhte Konzentration der Serumproteine im Liquor, die Schrankenstörung, lässt sich nun für alle Krankheiten, ob Virusenzephalitis, bakterielle Meningitis, Tumor, Lumbalstenose, Parasitenbefall des ZNS oder Schwellung an den Spinalnervenwurzeln auf eine Gemeinsamkeit zurückführen: ein reduzierter Liquorturnover, dessen Ursachen allerdings Teil von neu zu interpretierenden pathologischen Prozessen sind. Damit wird ein Rational für die Schrankenstörung eingeführt, das grundsätzlich drei verschiedene Ursachen haben kann:

• Reduzierte Wasserproduktion (Liquorproduktion) im Plexus (Start der entzündlichen Prozesse)
• Lokale Blockade des Liquorflusses (Tumor, Stenose)
• Blockierter Ausfluss (Schwellung im Spinalwurzelbereich, Verkleben der Meningen, Schistosomen-Blockade etc.)

Es gibt bislang nicht eine Krankheit, bei der die Konzentrationserhöhung der Serumproteine im Liquor nicht durch einen reduzierten Liquorfluss, wenngleich verschiedener Ursache, zu erklären wäre. Das pathophysiologische Potential des Diffusions-Fluss-Modells zeigt sich z. B. in neuen Forschungskonzepten in der Psychiatrie: Die bei 30 % der psychiatrischen Patienten mit bipolaren oder schizophrenen Symptomen beobachtete Schrankenstörung lässt, mit der neuerdings erkannten Zytokin-vermittelten Entzündungsreaktion im Plexus, erstmals eine rationale Erklärung für den bisher unerklärten Zusammenhang von Entzündungsprozess und Schrankenstörung zu.

2.4   Das Quotientendiagramm – die Hyperbelfunktion

Im Anhang wird als mathematischer Zusammenhang gezeigt, wie sich bei einer Schrankenstörung das Verhältnis der Serumproteine verschiedener Größe (z. B. QB/QA in Abb. 2.2, oder QIgG/QAlb in Abb. 2.4) im Liquor verändert. Das ist die Basis für die Diskriminierung einer intrathekal synthetisierten Fraktion von einer aus dem Blut stammenden Fraktion eines Proteins (z. B. IgG, IgA, IgM) im Quotientendiagramm.

Dieser theoretischen Herleitung der Hyperbelfunktion als Grenzlinie ging die empirische Beobachtung und die Entdeckung der Hyperbelfunktion als Fit an die Daten voraus (Reiber und Felgenhauer 1987). Aus den Liquor- und Serum-Daten von 4300 Patienten der Neurologischen Klinik in Göttingen wurde retrospektiv die heute verwendeten Funktionen zwischen ansteigendem QAlb und der Konzentrationsänderung der Immunglobuline IgG, IgA, IgM im Liquor bestimmt (QIgG in Abb. 2.4 ist nur ein Ausschnitt aus der gesamten Datenbasis, die bis QAlb = 700×10^{-3} reicht).

Mit der Konstanz des Variationskoeffizienten, CV, über den ganzen Schrankenstörungsbereich wird ein wesentliches Argument für das Diffusions-Fluss- und gegen das Leakage-Modell gefunden. CV, die relative Variation der Quotienten um den Mittelwert (CV = s/Qmean × 100 in %) kann nur konstant bleiben, wenn sich an der Diffusionsstrecke zwischen Blut und Liquor nichts ändert. Die Abb. 2.4b zeigt die Verallgemeinerbarkeit des Modells für alle Serumproteine im Liquor.

Bei der Schrankenstörung mit zunehmendem QAlb wird nur der Liquor-Fluss verändert, aber nichts, was die Diffusionsstrecke, also die strukturelle Schranke betrifft

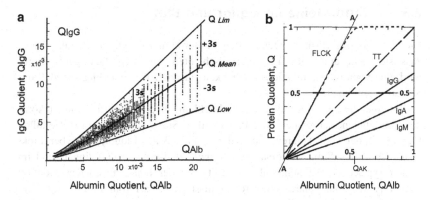

Abb. 2.4 Liquorkonzentrationen der Serumproteine im Liquor/Serum Quotientendiagramm bei Schrankenstörungen.

a) IgG Quotient (QIgG) als Funktion des Albumin- Quotienten (QAlb) bei Patienten, die keine humorale Immunreaktion hatten (kein oligoklonales IgG und keine Verschiebung in den Immunglobulin-Relationen). Der Variationskoeffizient CV (S/Qmean * 100 %) ist konstant über den ganzen Schrankenstörungsbereich (QAlb).

b) Konzentrations-Quotienten (empirisch bestimmte Mittelwerte, Qmean) verschiedener Serumproteine bei ansteigendem QAlb extrapoliert bis zum Wert QAlb = 1 bei dem die Liquorkonzentration von Albumin der Serum Konzentration gleich wäre. Die Hyperbelfunktionen sind Molekülgrößen-abhängig und können für jedes, auch kleine Serumproteine wie Freie Leichtketten, FLCk (22 kDa), bestimmt werden. Transthyretin (TT), das die Schranke als Komplex mit dem Retinol-bindenden Protein passiert, hat denselben effectiven Molekülradius wie Albumin, was die Gerade mit der Steigung von 45° erklärt. A bezeichnet die gemeinsame Asymptote der beiden Hyperbeläste für $Q_{Kappa} < 0,5$ und $Q_{Kappa} > 0,5$. Q_{AK} ist die QALB-Konzentration für $Q_{Kappa} = 1$

2.5   Hirnproteine im Liquor und Blut

Die Passage von Hirnproteinen in den Liquorraum ist dadurch charakterisiert, dass sie nicht durch die Endothelzellschichten der Blutgefäße geht. Damit wird eine wichtige Verifikationsmöglichkeit für das Diffusions-Fluss-Modell der Schranke gefunden.

Proteine, die überwiegend oder ausschließlich aus dem Gehirn stammen, kommen aus glialen, neuronalen oder Plexuszellen. Sie werden in die extrazelluläre Flüssigkeit, den ventrikulären, zisternalen und kortikalen Liquor, nicht aber direkt in den lumbalen Subarachnoidalraum freigesetzt. Ihre Konzentrationen sind im Liquor typischerweise höher als im Blut. Bei der höheren Konzentration im Liquor ist der molekulare Nettostrom (Ausstrom, Flux) vom Liquor zum Blut gerichtet. Damit nimmt die Konzentration der Hirnproteine zwischen Ventrikel und lumbalem Liquor auf dem Flussweg durch den Subarachnoidalraum stetig und linear ab. Das ist entgegengesetzt zu den Serumproteinen, die in Richtung des kaudalen Liquorraums nichtlinear zunehmen (Reiber 2021). Die aus den Leptomeningen entlang des Flussweges freigesetzten Proteine nehmen wiederum rostro-kaudal in der Konzentration, aber linear zu. Diese Gegensätze zu den Serumproteinen sind u. a. ein wichtiges Argument für die Flussrichtung des Liquors.

Hirnproteine und Liquorfluss

Die Dynamik der Hirnproteine bei einer Schrankenstörung ist besonders aufschlussreich. Tau Protein, Neuronenspezifische Enolase und S-100B Protein sind typische Hirnproteine mit einer Abnahme der Konzentration in rostrokaudaler Richtung, aber einer vom Liquorfluss unabhängigen Konzentration (Reiber 2003). Beta trace Protein und Cystatin C sind typische leptomeningeale Proteine mit zunehmender Konzentration in rostro-kaudaler Richtung, deren lumbale Konzentration jedoch mit langsamerem Fluss linear ansteigt.

Bei einer „Schrankenstörung" ist auch die Dynamik der Hirnproteine betroffen. Das ist nur durch einen reduzierten Liquorfluss als Ursache der Schrankenstörung zu erklären.

2.6   Lumbalstenose-Proteindynamik im Liquor

Das Diffusions-Fluss-Modell der Schrankenfunktion wird besonders überzeugend durch die vergleichende Analyse der Dynamik der Blut- und Hirnproteine oberhalb und unterhalb eines spinalen Blocks bestätigt. In Tab. 2.2 werden die Daten des lumbalen Liquors oberhalb (L2) und unterhalb (L5) einer Liquorblockade verglichen (HI Schipper et al., 1988). Der Patient hatte eine leptomeningeale Infiltration (Meningeose, meningeale Carcinomatose) eines systemischen Tumors (Adenocarcinom, CEA positiv). Die Daten zeigen, dass der reduzierte Turnover des Liquors unterhalb der Blockade (kein Nachschub an Liquor) zu einer ca. 15-fachen Erhöhung der Serumproteinkonzentrationen (Albumin, IgG, IgA, IgM) führt, während die Konzentration des Hirnproteins, NSE, niedriger als normal ist, da kein Nachschub aus dem Hirn ankommt. Das leptomeningeale Beta-Trace-Protein nimmt aber durch die leptomeningeale Freisetzung auch unterhalb der Stenose zu. Beim Plexusprotein Transthyretin, das sowohl im Plexus, als auch systemisch in der Leber gebildet wird, wird die aus dem Serum stammende Fraktion dominant und nimmt zu, wie für ein Serumprotein erwartet, während die Hirnfraktion, ebenso wie beim NSE, abnehmen muss. In diesem Fall wurde mit einer starken systemischen Freisetzung des Tumormarkers „Carcinoembryonales Antigen" (CEA) auch entsprechend unterhalb der Metastasen eine 8-fach höhere Konzentration als oberhalb gefunden.

Diese Daten sind nur erklärbar durch eine Liquorfluss-abhängige Schrankenfunktion mit rostro-kaudaler Flussrichtung. Oberhalb eines Blocks ist der Liquorumsatz normal, u. a. durch den vermehrten Abfluss durch der kortikalen Subarachnoidalraum.

Tab. 2.2 Vergleich der Proteindaten im Liquor eines Patienten mit einer medizinisch indizierten zeitnahen Punktion oberhalb (L2) und unterhalb (L5) eines spinalen Blocks. Die theoretisch zu erwartenden Daten, L5(n), wurden aus den bekannten Konzentrationsgradienten berechnet. Die Details für die Werte von Albumin, neuronenspezifischer Enolase, Beta-Trace-Protein und Transthyretin sind im Text erklärt.

	QAlb	NSE	ßTrace	TT
	$\times 10^3$	μg/l	mg/l	g/l
L2	19,7	10,8	25,9	0,020
L5	338	3,0	102	0,067
L5(n)	<25	>8	<40	<0,020

Liquordiagnostik

3

3.1 Von der Mastixreaktion zum Reiberdiagramm

Bereits seit 100 Jahren haben Neurologen versucht, Einzeldaten der Liquoranalytik durch sinnvolle Kombination für die Diagnostik nutzbarer zu machen. Zuerst waren es die Mastix- oder Goldsol-Kurve und dann die Liquor-Elektrophorese-Bilder, die verschiedene Liquorproteine im Zusammenhang zeigten. Mit der Erkenntnis, dass die meisten Proteine im Liquor aus dem Blut stammen, wurden dann Liquor/Serum-Konzentrationsquotienten für die Serumproteine eingeführt.

Der größte mathematische und graphische Aufwand wurde in der Vergangenheit betrieben, um eine intrathekale IgG-Synthese von einer durch Schrankenstörung bedingten Erhöhung der IgG-Konzentration im Liquor zu unterscheiden oder gar zu quantifizieren. Da sowohl die Rolle der Molekülgrössen-abhängigen Diffusion durch die Schranke als auch die Rolle des Liquorflusses nicht richtig erkannt wurden, entstanden Konzepte, wie die Tourtellotte'sche Formel, E. Schullers Formula, Delpech und Lichtblau's IgG/Alb-Quotienten oder Felgenhauers Modell mit reziproken Ser/CSF-Quotienten. Auch die Vorstellung von Poren verschiedener Größe in der Schranke gehörte zu den Modellen, die publiziert wurden. Für die spätere Entwicklung der Liquordiagnostik blieb lediglich der numerische, lineare IgG-Index von Link und Tibbling und insbesondere das QIgG/QAlb-Quotientendiagramm von Ganrot und Laurell, aber noch ohne empirische Grenzlinien, übrig.

Die Originalversion des Kapitels wurde revidiert. Ein Erratum ist verfügbar unter
https://doi.org/10.1007/978-3-662-68136-7_10

Mein erster praktischer Ansatz mit einem QIgG/QAlb Quotientendiagramm beschrieb zuerst noch eine lineare empirisch fundierte Grenzlinie für den Normalbereich mit einer zweiten, theoretisch begründeten 45°-Linie, mit der die maximale aus dem Blut in den Liquor diffundierende IgG-Menge bei Schrankenstörungen charakterisiert werden sollte. Bereits aus dieser Zeit (frühe 1980er Jahre) stammt die von Kollegen in der DDR dafür eingeführte Bezeichnung als Reiber-Diagramm.

Da es in der Natur jedoch keine solche Diskontinuitäten geben kann, hatte ich ursprünglich eine sigmoide Gesamtkurve vermutet, deren wirkliche Funktionen als zwei Äste einer Hyperbelfunktion (FLCk in Abb. 2.4b) ich erst neuerdings komplett mathematisch beschrieben habe (Anhang).

Der eigentliche diagnostisch relevante Fortschritt kam mit meiner Entdeckung der Hyperbelfunktion als Grenzlinie im Quotientendiagramm (Abb. 2.4), die aus dem Fit der empirischen Daten entstanden war.

Durch die Zusammenarbeit mit K. Felgenhauer, der als Neurologe die Diagnosen von ca. 400 Patienten verifizierte, wurde eine gesicherte Basis für die ersten IgG, IgA und IgM Diagramme geschaffen. Die Verbesserung der Grenzlinien in den Diagrammen für die IgG, IgA und IgM Analytik wurde danach retrospektiv mit Daten von 4300 Patienten aus der Routinediagnostik des Neurochemischen Labors in Göttingen ermöglicht. Damit war auch meine Einsicht in ein verallgemeinerbares biophysikalisches Konzept entstanden (Abb. 2.2, 2.4). Die mathematische Herleitung der Hyperbelfunktion aus dem Diffusions/Fluss Zuammenhang (Abb. 2.2) war die wissenschaftliche Bestätigung als Diffusions/Fluss Modell der Schrankenfunktion.

Ein wichtiger Schritt für die heutige Qualität der Liquordiagnostik wurde bereits 1977 vom unermüdlichen Förderer der Liquordiagnostik und MS-Forscher, dem Neurologen Helmut Bauer in Göttingen getan. Er führte mit Sigrid Poser den integrativen Befundbericht, unter Einbezug der klinischen Fragestellung, ein (s. u.). Eine weltweit erste, externe Qualitätskontrolle (EQAS) mit zusätzlicher Bewertung von Datenmustern wurde von mir 1990 für die Qualitätskontrollinstitution, INSTAND, Düsseldorf, entwickelt. Die Integration der Quotientendiagramme in die online Datenauswertung der Nephelometer-Automaten der Firmen Beckman und Dade-Behring (heute Siemens Healthcare) war ein wichtiger Schritt für die allgemeinere Akzeptanz einer integrierenden Dateninterpretation. Die in Deutschland inzwischen mit hohen Kosten verbundenen Akkreditierungsverfahren für entsprechende, seit 30 Jahren etablierte Laborsoftware sind aus Sicht des Autors kontraproduktiv und fortschrittshemmend.

Diese kurze, funktional orientierte Darstellung der Entwicklung kann die wichtigen Beiträge vieler internationaler, vor allem europäischer Neurologen und Naturwissenschaftler zur Entwicklung der Liquordiagnostik nicht würdigen. Ich möchte wenigstens auf einige der auch für meine eigene Entwicklung wichtigen Persönlichkeiten[1] des Fachgebietes hinweisen.

3.2 Expertensystem, Artifizielle neuronale Netze und Deep Learning

Es ist nun seit Jahrzehnten versucht worden, Krankheitsdiagnostik durch Computerprogramme zu objektivieren. Die Expertensysteme konnten den Experten unterstützen, ihn aber nicht ersetzen. Die ANNs brauchen für das Training der Gewichtungen im System vor allem vertrauenswürdige, gelabelte Daten, ohne anthropozentrischen Bias,. Die Deep-Learning-Systeme, die sehr, sehr viele unmarkierte Daten benötigen, brauchen jemanden, der überprüft, was die Systeme im Trainingsprozess wirklich gelernt haben und ob ein evtl. unbekanntes Ergebnis eine reale Kategorie darstellt. Die aktuelle Entwicklung in der KI sieht deshalb vor, die vorhandenen, anderweitig gesicherten Wissensbasen in den Kategorisierungsprozess zu integrieren.

In diesem Zusammenhang ist der in der Neurologie verwendete integrative Befundbericht der Liquordiagnostik zu sehen.

3.3 Der integrative Laborbefund

Der integrative Liquorbefund hat zwei Aspekte. Der Laborbefund fasst alle relevanten Daten eines Patienten zusammen und lässt so für den Neurologen krankheitstypische Muster erkennen. Es wird damit aber auch der klinische Neurochemiker in den Diagnoseprozess kognitiv eingebunden. Mit einer guten klinischen Fragestellung kann das Spektrum der möglichen Laboranalytik Kosten- und zeitsparend eingeschränkt und frühzeitig weiterführende Analytik in die Wege geleitet werden. Das Labor wird vor allem in die Lage versetzt, aus unstimmigen Datenkombinationen Analysenprobleme zu erkennen. Das ist ein für die Qualitätskontrolle der Analytik wichtiger Aspekt.

---

[1] Hugh Davson, London; Michael W Bradbury, London; Armand Loewenthal, Brüssel; Carl-Bertil Laurell, Lund; P. Delmotte, Melsbroek, Belgien; Edmond Schuller, Paris; Hans Link, Stockholm; Joseph D Fenstermacher, NY; USA und als langjährige Kollegen Wallace W. Tourtellotte, LA, USA; Alberto Dorta, Havanna; Ed Thomson, London und Christian Sindic, Brüssel.

Die Bedeutung einer differentialdiagnostischen Fragestellung oder einer Verdachtsdiagnose im Analysenauftrag wird meist unterschätzt („Itis?" als Fragestellung mag zu wenig sein), da gerade in der Neurologie die klinische Information zum Leitkriterium oder Ausschlusskriterium der Analytik werden kann. *Wissensbasierte Datenkombinationen sind eine Interpretationshilfe, können aber nie allein zu einer Diagnose führen, die letztlich immer der Arzt im klinischen Kontext stellen muss.*

Das analytische Liquorprogramm
Die Aspekte der Praxis im Liquorlabor mit der Vielzahl von möglichen analytischen Parametern sind im Methodenkatalog der Fachgesellschaft (www.dgln.de) dargestellt. Zudem kann die frei zur Verfügung stehende CSF-App als Tutorial hilfreich sein.

Das Grundprogramm umfasst klassische Zytologie mit Zellzahl und Zelldifferenzierung, die Bestimmung der Quotienten von Albumin und IgG, IgA, IgM. Oligoklonales IgG, und Laktat im Liquor. Die Antikörperanalytik wird entweder als erweiterte, spezifische Analytik bei akuten Infektionen oder als polyspezifische MRZ-Reaktion bei chronischen Erkrankungen durchgeführt. PCR-Analytik wird bei Verdacht auf eine HSV-Enzephalitis meist in einem mikrobiologischen Labor durchgeführt.

Der Teil der Diagnostik, der am aktuellsten, aber auch bislang am unbefriedigendsten ist, dreht sich um die Antikörperanalytik im Liquor bei chronischen Erkrankungen. Die damit verbundenen Interpretationsprobleme werden in den folgenden zwei Kapiteln zum Thema gemacht. Für die Differentialdiagnostik sind dabei neben Zytologie, PCR, spezifischen und polyspezifischen Antikörpern, auch die relative Antikörper-Menge und die Antikörper-Avidität bedeutsam.

Mit einer hinreichend differenzierten Analyse des Liquors können wir drei verschiedene Arten von chronischen Pathomechanismen unterscheiden:

1. Virusinduzierte, entzündliche Erkrankungen
   – FHC, SSPE
2. Chronische Immunreaktion ohne spezifisches Antigen, aber mit polyspezifischen Antikörpern
   – MS, Autoimmun-Krankheiten
3. Immunsystem-assoziierte Pathologien (z. B. Pleiotropismus von Zytokinen, spontane Fluktationen mit Attraktorwechsel)
   – Autoimmunkrankheiten
   – Post-Lyme-Syndrom
   – Gulf War Illness
   – Milde Enzephalitis in der Psychiatrie

Das Krankheitsspezifische Datenmuster

Wichtige Informationen für ein krankheitstypisches Datenmuster kommen von den Mustern der drei Immunglobulinklassen im Quotientendiagramm (s. Beispiele in der komplementären CSF-App). Als Teil des Musters gelten auch die Schrankenfunktion und komplementäre Parameter wie Zellzahl, Zelldifferenzierung und Lactatwert im Liquor. Für die Diagnostik der chronischen Krankheiten ist die Antikörper-Analytik mit Dfferenzierung der spezifischen und polyspezifischen wichtig. Dabei ist ein erweitertes Spektrum an Parametern wichtig geworden (Abschn. 8.1).

3.4   Quotientendiagramme (Reiberdiagramm)

Zur graphischen Darstellung der im Gehirn synthetisierten Immunglobulinklassen wurden die Liquor/Serum-Quotientendiagramme für IgG, IgA und IgM zusammengefasst (Abb. 3.1).

Krankheitstypische Reaktionsmuster kommen durch die Besonderheiten der Immunreaktionen im Gehirn zustande. Da es im Gehirn keinen Isotypen-Switch gibt, kommen die im Blut zu verschiedenen Zeiten gebildeten B-Zellklone der verschiedenen Immunglobulinklassen bereits differenziert über die Schranke ins Gehirn, wo sie an verschiedenen Stellen lokal proliferieren und persistieren können. Die erregerspezifische Dynamik im Blut, die zeitlich verschiedene Invasion von B-Zellen verschiedener Immunglobulinklassen ins Gehirn und die erregerbedingte lokale Verschiedenheit der intrathekalen Immunreaktion bewirken zusammen mit den Reaktionen mit immunkompetenten Zellen des Gehirns (s. Zytokinnetzwerk) unterschiedliche Immunglobulinmuster.

Zum Vergleich der mengenmäßig sehr verschiedenen IgG-, IgA- und IgM-Synthesen ist es sinnvoll, die relativen Synthesemengen als intrathekale Fraktionen, IgG_{IF}, IgA_{IF}, IgM_{IF}, zu vergleichen, statt der absoluten lokal im Gehirn synthetisierten Mengen, IgG_{loc}, IgA_{loc}, IgM_{loc}. Damit sind Ein-, Zwei- und Dreiklassenreaktionen mit verschiedener Dominanz zu charakterisieren (s. CSF-App und Lit.). Im integrierenden Befundbericht werden mit den Diagrammen stets auch die Absolutwerte, die Quotienten und die errechneten intrathekalen Fraktionen mitgeteilt. Evtl. kann bei einem grenzwertigen Befund die Sensitivität über die Quotientenverhältnisse unter den Immunglobulinen verschiedener Grösse verbessert werden. Da im Normalfall das größere Molekül immer einen kleineren Quotienten haben muss, würde QIgA> QIgG eindeutig signifikant auf eine intrathekale IgA-Synthese hinweisen, selbst wenn im Quotientendiagramm

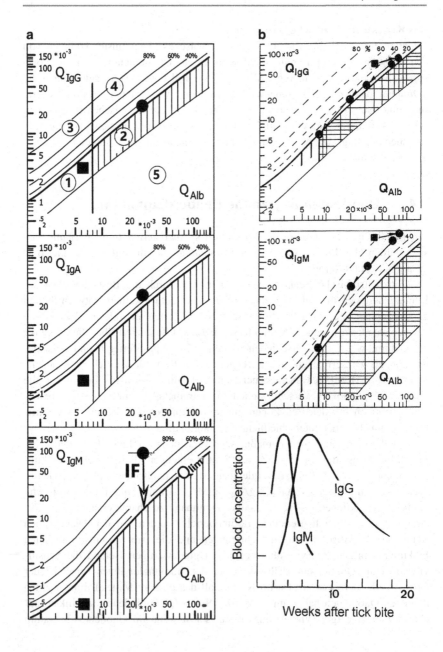

◄**Abb. 3.1 a Quotientendiagramme mit hyperbolischen Grenzlinien, Qlim**
Die Referenzbereiche der aus dem Blut stammenden IgG-, A-, M-Fraktionen im Liquor, Bereich 1 (normal) und 2 (Schrankenstörung) umfassen 99 % (Qmean $\pm$ 3CV) der 4300 untersuchten Patienten ohne intrathekale Immunglobulinsynthese. Werte oberhalb QLim (Lim from limit) in den Bereichen 3 und 4 charakterisieren eine intrathekale Synthese, die als intrathekale Fraktionen (IF) in Prozent der gesamten Liquorkonzentration IgG_{IF}, IgA_{IF} oder IgM_{IF} charakterisiert werden.
Die intrathekalen Anteile können direkt aus den Diagrammen mit Linien für 20, 40, 60 und 80 % intrathekale Synthese, mit Bezug auf die obere Diskriminierungslinie (QLim) als 0 % Synthese, abgelesen werden.
Die Grenze des Referenzbereichs für QAlb zwischen Bereich 1 und 2 ist altersabhängig.
Werte unterhalb der unteren hyperbolischen Linie, im Bereich 5, weisen auf einen methodischen Fehler hin.
Die Daten im Diagramm stammen von zwei Patienten mit einer Gesichtsnervenlähmung. Quadratische Punkte gehören zu einer VZV- bedingten Parese (Antikörper-Index, VZV-AI = 2,8). Die Borrelien-bedingte Fazialisparese hat mit $IgG_{IF} = 8$ %, $IgA_{IF} = 32$ %, $IgM_{IF} = 85$ %, eine typische Dreiklassenreaktion mit IgM-Klassen-Dominanz ($IgM_{IF} > IgA_{IF} > IgG_{IF}$). (Borrelien-AI (IgG) = 3,1; Borrelien-AI (IgM) = 2,8)
b Isotypen-Switch und intrathekale Immunreaktion. Die Borrelieninfektion des Patienten zeigt im Blut einen klassischen Wechsel von der IgM- zur IgG-Klassen-Reaktion (Isotypen-Switch) innerhalb der ersten wenigen Tage bis Wochen (unteres Diagramm). Bei der sekundär entwickelten Neuroborreliose bleibt die dominierende IgM -Klassen Reaktion (IgM_{IF}) relativ konstant höher als die relative IgG-Klassen-Reaktion (IgG_{IF}) über den beobachteten Zeitraum von 83 Wochen. Die evtl im Blut schneller abnehmende IgG-Menge führt evtl durch den rechnerischen Anstieg des relativen AI-Wertes zu einem falschen Eindruck über den Krankheitsverlauf

QIgA < QLim (IgA) wäre. Dieses Beispiel zeigt wie wichtig eine wissensbasierte Interpretation ist.

1. *Der fehlende Isotypenswitch im Gehirn ist die Grundlage der krankheitsspezifischen Immunglobulinmuster, wie sie mit den Reiber-Diagrammen analysiert werden.*
2. *Im Gegensatz zum Blut ist die IgM-Synthese im Gehirn kein Aktivitätsparameter.*

In der verfügbaren CSF-App (www.albaum.it) sind die gängigsten Beispiele für krankheitstypische Muster archiviert und mit differenzialdiagnostisch relevanten Kommentaren versehen.
Die Bedeutung einer kompletten Analyse aller drei Immunglobuline, IgG, IgA, IgM ist an den folgenden Beispielen zu sehen.
Die intrathekale IgM-Synthese finden wir bei Trypanosomiasis, Neuroborreliose. bei der Neurolues und auch bei einem Non-Hodgkin-Lymphom. Erst

die komplette IgG-, IgA-, IgM-Analyse führt zur Diskriminierung verschiedener Muster. So kann z. B. bei fehlender IgA-Analytik der Hinweis auf eine Neurotuberkulose verpasst werden und durch eine langwierige, evtl. erfolglose Erregersuche zu einem der 20 % tödlichen Ausgänge führen.

Bei den Parasitosen mit Gehirnbeteiligung[2] vermag die Liquordiagnostik neben dem Neuroimaging eine besondere Rolle zu spielen, zumal die Parasitosen aufgrund der weltweiten Migrationsdynamik nicht mehr auf die tropischen Länder beschränkt bleiben.

Diagnostisch ist bei den Nematoden die eosine Pleozytose in Blut und Liquor das vorherrschende Zeichen. Eine besondere diagnostische Herausforderung ergibt sich aus den komplizierten Lebenszyklen der Cestoden und Trematoden mit Lokalisationen im Gehirn, in der Wirbelsäule, sowie mit extraparenchymalen Manifestationen neben einer möglichen Beteiligung der Spinalwurzeln. Bei der Neurozystizerkose ist die Beobachtung einer Einschränkung des Liquorflusses durch Zystizerken an extraparenchymalen Stellen besser geeignet als die dafür unempfindliche CT- und MRT-Analytik. Bei der Neuroschistosomiasis, anders als bei den Zystizerken im Subarachnoidalraum, kommt es hier im Lendenwirbelbereich evtl. zu einer Blockade des Liquorabflusses an den Spinalwurzeln (analog der Radikulitis Guillain Barré) und damit zu einem erhöhten QAlb (reduzierter Liquorumsatz). Neben der Analyse von Albumin kann hier jedoch die Analyse von Hirnproteinen eine noch spezifischere diagnostische Hilfe darstellen.

Die qualifizierte Liquordiagnostik hat damit einen Vorteil gegenüber einer aufwändigen und evtl. nur begrenzt erfolgreichen Suche nach dem spezifischen Erreger mit Ausschluss vieler alternativer Mikroorganismen und Parasiten, mit langwierigen Kulturanzüchtungen und althergebrachten Testverfahren (z. B Tusche Präparate).

Die wissensbasierte Interpretation leistet im kombinierten G-, A-, M-Quotientendiagramm (Reiberdiagramm, detaillierte Beispiele in der CSF-App) beim individuellen Patienten einen möglichen Beitrag zu

- Differenzierung verschiedener Ursachen (Fazialisparese Abb. 3.1)
- Hinweis auf weiterführende spezifische Analytik (spezifische Antikörper, Tumor- oder Demenzmarker), auch wichtig als ein kostensparender Aspekt.
- Frühe Identifizierung einer Hirnbeteiligung bei einer dominant systemischen Reaktion (Trypanosomiasis).
- Hinweis auf eine unerwartete Diagnose (IgA Dominanz mit erhöhtem Laktat bei der TB)

---

[2] Reiber H. Arq Neuropsiquatr 2016;74(4):337–350.

- Lokalisation des Krankheitsprozesses (vaskulär vs. parenchymatöse Neurosyphilis, zentraler vs. lumbaler Prozess bei Parasitenbefall)
- Komplikationen im Verlauf (Abszess bei einer apurulenten Meningitis)
- Differenzierung zwischen einer akuten Krankheit mit anhaltenden Symptomen und einer chronischen Verlaufsform (Autoimmun-Erkrankung, Golf War Illness, Long Covid, etc.)
- Erkennung von Analysenfehlern (Antigenexzess bei IgA-Analytik, Blutbeimengung im Liquor)

Wissensbasis Immunreaktionen im Gehirn

4

Mit zwei Fragen lässt sich deutlich machen, um was es in diesem Kapitel gehen soll.

1. Haben sie sich mal überlegt, warum die durch Impfung induzierten Masern Antikörper und die Immunität gegen Masern auch 50 Jahre später, selbst ohne weiteren Masern-Kontakt, immer noch existieren, obwohl die Antikörper-synthetisierenden B-Lymphozyten nicht länger als Tage bis Wochen leben?
2. Wodurch werden bei chronischen, wie bei akuten Immunreaktionen im Gehirn Antikörper synthetisiert gegen Antigene, die nie im Hirn waren?

Die Beantwortung dieser Fragen setzt im Vergleich mit der gängigen Praxis einen längst überfälligen Paradigmenwechsel voraus.

Die Untersuchungen an Patienten mit Multipler Sklerose, als Modellkrankheit für das Studium der Immunreaktionen im Gehirn, haben zumindest zwei Aspekte zu unserem Thema beigetragen: die Rolle der polyspezifischen Antikörperbildung und die fokale, diskontinuierliche Ausprägung der Immunreaktion im Gehirn.

4.1 Polyspezifische Antikörper- das B Zell Netzwerk

Polyspezifische Antikörper bei MS – die MRZ-Reaktion

Die Entdeckung einer intrathekalen Masern-Antikörpersynthese bei Multiple-Sklerose-Patienten durch Ackermann und Felgenhauer nährte die Hoffnung ein Virus, allgemein einen Mikroorganismus, als Ursache der MS zu finden. Seit nunmehr 50 Jahren werden unbeirrt alle neu entdeckten intrathekal synthetisierten Antikörperspezies im Liquor von MS-Patienten als Ausdruck der kausalen Ursache verdächtigt und als Anlass zur erfolglosen Suche nach dem Erreger selbst genommen. Diese durch eine Metaanalyse mit 5700 Antigenen (Referenz

H. Reiber, *Liquordiagnostik in der Neurologie*, essentials,
https://doi.org/10.1007/978-3-662-68136-7_4

Tab. 4.1 Polyspezifische Antikörpersynthese im ZNS bei Multipler Sklerose. Mittlere Häufigkeiten der intrathekal synthetisierten Antikörper gegen Masern (M), Röteln (R), Varizella Zoster (Z), Herpes simplex (H), Chlamydien (Chl), Human-Herpes-Virus 6 (HHV6), Toxoplasmose (Tox), Borrelien (Bo), und auch Doppelstrang-DNA (ds D)

AK	M	R	Z	H	Chl	HHV6	Tox	Bo	ds D
Häufigkeit (%)	**78**	**60**	**55**	28	30	20	10	<25	19

in Reiber 2017b) als falsch erwiesene Erwartung basiert auch auf dem damaligen linearen Clonal-Selection-Modell der Immunologie. Antikörpersynthesen im Gehirn ohne Antigenpräsenz haben auch zu kuriosen Vermutungen wie dem Mimikry-Modell geführt.

Inzwischen wurde jede AK-Spezies, nach der man bei MS suchte, bei einem Anteil der Patienten tatsächlich auch gefunden (Tab. 4.1). Selbst eine intrathekale Synthese von Autoantikörpern gegen dsDNA ist Teil dieser polyspezifischen Immunreaktion.

Allerdings gibt es ohne eine systemische Antikörpersynthese keine intrathekale Antikörpersynthese, wie an den MS-Patienten auf Kuba mit und ohne Röteln-Impfung gezeigt wurde. Das widerlegt auch das Mimikry Modell. Bei der von Land zu Land variierendenBorrelien-AK-Häufigkeit zwischen 10–25 % wird die Bedeutung der endemischen Häufigkeit der Infektion für diese Zahlen in der Tabelle deutlich.

Durch die besondere Häufigkeit der Masern-, Röteln- und VZV-Antikörper bei MS (Tab. 4.1) wurde diese sog. *MRZ-Reaktion,* die auch bei Autoimmunkrankheiten wie Neurolupus gefunden wird, diagnostisch als sensitiver Hinweis auf eine chronische Immunreaktion vom Autoimmuntyp oder auf eine MS etabliert (Reiber, 2017b).

Die Erklärung für die außerordentlich hohe Häufigkeit der MRZ-Reaktion bei MS im Gegensatz zu den Häufigkeiten anderer Antikörperspezies bleibt eine Herausforderung. Das einzige Offensichtliche, das die drei Erreger gemeinsam haben, ist ihre als Hauterkrankung erscheinende Symptomatik.

Polyspezifische Antikörper bei akuten Erkrankungen
Die Beobachtung (Tab. 4.2), dass bei den akuten Herpes- und Maserninfektionen des ZNS im Mittel weniger als 20 % aller intrathekalen Immunglobuline Herpes- oder Masern- Antikörper sind, ist für viele überraschend. Denn das bedeutet, dass bei der akuten, erregerabhängigen Immunreaktion der Großteil des intrathekalen IgGs polyspezifische Antikörper sind (Median >80 %).

Tab. 4.2 Vergleich intrathekaler Antikörpermengen bei spezifischer und polyspezifischer Immunreaktion. Die spezifische intrathekale Fraktion, Fs, wird als prozentualer Anteil der spezifischen Antikörper am intrathekal synthetisierten Gesamt-IgG in % angegeben. Masern-Ak und HSV-Ak sind Liquorwerte, Röteln-Ak wurden im Kammerwasser (KW) des Auges bei der Fuchs Heterochromie Cyclitis und der Uveitis/Periphlebitis des Auges als MS Symptom, MS(U) vergleichend bestimmt

Antigen	Spezifische AK (%)		Polyspezifische AK (%)	
Masern (CSF)	18,8	SSPE	0,52	MS
Herpes (CSF)	8,9	HSVE	0,14	MS
Röteln (KW)	2,6	FHC	0,06	MS (U)

Der Anteil der Masern-, Röteln- und VZV-Antikörper ist als polyspezifische Mitreaktion im Liquor noch einmal wesentlich geringer. Bei der MS sind das zusammen nur **0,1–0,5 %** der intrathekal synthetisierten Gesamt IgG-Menge. Das heißt, dass bei der akuten Erkrankung die Menge der Masern-, HSV- und Röteln-Antikörper bis zu 60-fach höher ist als für die polyspezifische Mitreaktion bei den chronischen Erkrankungen.

Bei einer Periphlebitis des Auges bei MS ist der polyspezifische Röteln-AK-Anteil im Mittel sogar nur 0,06 %. Der Vergleich mit der spezifischen Röteln-AK Menge im Auge bei der Fuchs-Heterochromie-Zyklitis (FHC) zeigt im Prinzip dieselben Verhältnisse (Tab. 4.2).

Die polyspezifische Immunreaktion im Blut

Die polyspezifische Immunreaktion ist keine Besonderheit des ZNS, sie ist da nur einfacher zu erkennen als im Blut. Die Untersuchung des Blutes von Patienten mit einer Guillain Barré Polyradikulitis (GBS) von Terryberry et al. (1995) in Jim Peters Specialty Laboratory, Santa Monica, Kalifornien, ist exemplarisch dafür (Reiber 2017a). Die GBS ist eine entzündliche Erkrankung der peripheren Nerven und Nervenwurzeln mit aufsteigender Lähmung der Muskulatur. Die Krankheit wird auch als Autoimmunkrankheit nach Entzündungen und Impfungen beobachtet.

Mit dem Blut von 56 GBS-Patienten wurden willkürlich alle im Labor verfügbaren Antikörpertests (n = 22) und Autoantikörpertests (n = 18) durchgeführt. Als Ergebnis wurde bei manchen Patienten für bis zu 16 (im Mittel 5–7) der 22 untersuchten Antikörper gleichzeitig erhöhte Titer gefunden. Auch bei der separat untersuchten Gruppe von *Autoantikörpern zeigten* 11 % der Patientenproben gleichzeitig erhöhte Titer bei mehr als 5 unterschiedlichen Autoantikörpern.

Diese gleichzeitig erhöhten Antikörpertiter sind Ausdruck einer individuellen Konnektivität im Netzwerk der B-Zell-Klone (Reiber 2017b).

Netzwerkkonsequenzen
Dieses Ergebnis ist eine zumindest teilweise Antwort auf die eingangs gestellte erste Frage. Die Immunisierung bleibt nur dann langfristig wirksam, wenn der bei einer akuten Erkrankung gebildete neue Zellklon durch Kreuzreaktionen mit anderen B-Zellklonen ausreichend in ein immunologisches Netzwerk eingebunden ist. Die Spezifität der verbundenen polyspezifischen Antikörper ist individuell verschieden. Auch das Ausmaß der Vernetzung (Netzwerktiefe) ist verschieden.

Das mag die Ursache sein, warum eine Immuntherapie mit einem Präparat aus 2000 verschiedenen Blutproben bei einem Patienten eine Vernetzung findet und wirksam ist, aber bei einem anderen Patienten nicht. Ein Präparat anderen Ursprungs könnte dann die Lösung sein (s. Therapiemodell in Abb. 5.1).

Ein besonderer Aspekt dieser Sichtweise ist es z. B., dass durch die Implementierung eines neuen Antikörpers mit entsprechendem B-Zell-Klon in das bestehende individuelle Netzwerk eine ganze Reihe von Veränderungen durch Hoch- oder Herunterregulierung anderer B-Zell-Klone, die sich zufällig stimulieren, eintreten könnte. Dazu gehört das Risiko eines Wechsels zu einer Autoimmunerkrankung, wenn einer der verbundenen B-Zell-Klone Autoantikörper gegen ein Autoantigen produziert (Reiber und Davey 1996).

Diese Zusammenhänge sind mit der Entstehung chronischer Erkrankungen zu diskutieren.

4.2   Lokale AK-Variation im Gehirn

Auch hier kann die Untersuchung derMS eine Leitinformation anbieten. Durch Vergleich der Immunreaktionen im Liquor und im Kammerwasser des Auges von individuellen MS-Patienten kann das lokal variierende Immunglobulinklassen- und Antikörperspezies- Muster sichtbar werden.

10 % der MS-Patienten haben eine Entzündungsreaktion im inneren Auge, die als Uveitis oder Periphlebitis diagnostiziert wird. Im Prinzip findet man im Kammerwasser des Auges dieser Patienten alle Immunreaktionen mit derselben statistischen Häufigkeit wie im Liquor. Das Besondere ist aber, dass die Muster der Immunglobulinklassen, ebenso wie die der polyspezifischen Antikörperreaktion (MRZ-Reaktion) und auch der oligoklonalen Banden, beim individuellen Patienten im Liquor und Kammerwasser in 9 von 10 Fällen verschieden sind (Reiber 2017b).

Die lokal variierende polyspezifische Antikörpersynthese kann als Folge einer zufälligen Einwanderung von B-Zellen verschiedener Spezifität mit einer lokal begrenzten Antikörperbildung verstanden werden. Das weist auf die Besonderheiten einer Immunreaktion im ZNS hin. Die räumlich und zeitlich diskontinuierliche Progression der MS mag nicht als allgemeines neurologisches Krankheitsmodell geeignet sein, aber der lokale Charakter der Immunreaktion weist auf eine wichtige Differenz zum allgemeinen Immunsystem des Körpers hin.

4.3   Das organübergreifende Zytokin-Netzwerk

Im Gehirn werden Zytokine in den immunkompetenten Zellen, den Astrozyten, der Mikroglia und den Endothelzellen gebildet. Sie können sowohl entzündungsfördernde als auch entzündungshemmende Wirkung haben. Das ist ein wichtiger Aspekt der Immunreaktion im Gehirn als selbstorganisierender lokaler Prozess.

Das Netzwerk entsteht durch die drei Eigenschaften verschiedener Zytokine:

- Funktionaler Pleiotropismus
- Funktionale Redundanz
- Hoch- und Runter-Regulation

Pleiotropismus bezeichnet die Bindung eines Zytokins in verschiedenen Organsystemen. Damit bekommen wir die Verbindung zwischen den drei zentralen Steuerungssystemen des Organismus: Nervensystem, endokrines (Hormon-) System und Immunsystem (Abb. 4.1). Als funktionale Redundanz bezeichnet man die Möglichkeit, dass verschiedene Zytokine dieselbe Wirkung in einem Organ haben können.

Da weiterhin dasselbe Zytokin konzentrationsabhängig eine Hoch- und Runter-Regulation bewirken kann, entsteht ein sehr komplexes Netzwerk, das von verschiedenen Körpersystemen beeinflusst wird. Das erklärt Erfahrungen, die zur Begründung von Forschungskonzepten wie der Psychoneuroimmunologie führten und Krankheiten wie die „Stress induced Parainflammation" kreierten (Bechter 2020).

Die Immunreaktionen im Gehirn

Wir haben hier sehr fokussiert auf die Interpretationen der Liquordaten zwei zentrale Aspekte der Immunreaktion dargestellt.

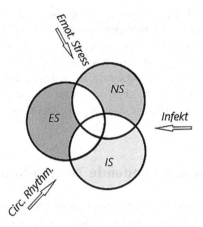

Abb. 4.1 Organübergreifendes Zytokin-Netzwerk

Wechselwirkungen zwischen dem Nervensystem (NS), dem peripheren Immunsystem (IS) und den neuroendokrinen Bahnen (hypothalamisch-pitiutäre-adrenale Achse, HPA). Diese homöostatischen Netzwerke sind durch Zytokine oder Hormone miteinander vernetzt. Dieses Gesamt-Netzwerk ist anfällig für Umwelt- oder Verhaltenseinflüsse, zirkadiane Rhythmen, emotionalen Stress oder systemische Infektionen

Allgemein hat das Beispiel des GBS mit der polyspezifischen IR im Blut gezeigt, dass die polyspezifische Antikörperreaktion eine generelle Eigenschaft des Immunsystems ist.

Alle Immunreaktionen bewirken eine individuelle Vernetzung von B-Zell-Klonen verschiedener Spezifität.

Die intrathekale B-Zell-abhängige Antikörperreaktion ist charakterisiert durch eine Verbindung mit dem endokrinen und Nerven-System (Abb. 4.1), die willkürliche Schrankenpassage, die fokale Immunreaktion mit den lokalen immunkompetenten Zellen und deren Integration in das organübergreifende Netzwerk der Zytokine.

Wissensbasis Chronische Krankheiten 5

Im Rahmen der weltweiten Covid Epidemie wurden die Probleme im Umgang mit chronischen Erkrankungen, wie kaum je zuvor, ins öffentliche Bewusstsein gerückt.

Verzögerte Symptome wie Chronic Fatigue Syndrom/ME oder die vermehrte Beobachtung des GBS nach Impfungen gegen das Corona Virus wurden durch ihr gehäuftes Auftreten zusammen mit einer verstärkten öffentlichen Aufmerksamkeit auch ins politische und wissenschaftliche Interesse gerückt. Die wissenschaftlich uninformierten Diskussionen um Long Covid und Post Covid zeigen wie wichtig ein adäquates Krankheitsmodel für die diagnostischen, wie auch für die therapeutischen Konzepte ist.

Die folgenden Beispiele sollen vermitteln, warum wir bei dieser größten Gruppe von Krankheiten, den chronischen Krankheiten, neue Konzepte brauchen und wie diese aussehen können, um einen Fortschritt in Diagnostik und Therapie zu bewirken. Damit werden auch bessere Definitionen dieser Krankheitsgruppen möglich.

5.1 Persistierender ursächlicher Mikroorganismus

Mit einem einfachen Modell der Immunreaktion, das bereits in Abb. 3 vorgestellt wurde, haben H. Mayer und Kollegen von der Universität Witten Herdecke vor fast 30 Jahren gezeigt, wie ein komplexes Krankheitsmodell aussehen kann.

In der Wechselwirkung zwischen ursächlichem Antigen und dem ‚neutralisierenden' Antikörper gewinnt bei einer initial hohen Viral Load (A_3 in Abb. 5.1) die Virusreplikation gegen die zu langsam anlaufende Bildung der Antikörper. In den meisten normalen Krankheits-Fällen (A_2 in Abb. 5.1) gewinnt das Immunsystem und führt zur Immunität. In einigen Fällen, mit sehr niedriger Viral Load

H. Reiber, *Liquordiagnostik in der Neurologie*, essentials, https://doi.org/10.1007/978-3-662-68136-7_5

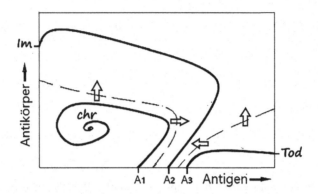

Abb. 5.1 Therapie-Modell bei einem chronisch-entzündlichem Prozess. (Legende s. Abb. 3 und Text)

(A$_1$ in Abb. 5.1), kann weder die Immunisierung noch das Virus gewinnen. Beide Prozesse bleiben koexistent. Das Virus wird nicht vollständig eliminiert und der Körper erreicht keine vollständige Immunität. Als emergente Eigenschaft erhalten wir einen stabilen Zustand der Krankheit, den wir mit einem Begriff der Komplexitätswissenschaft (nächstes Kapitel) als Attraktor charakterisieren können. In Abb. 5.1 wird ein Punktattraktor gezeigt.

Typisch für nichtlineare Prozesse hängt das Ergebnis von den, evtl. nur geringfügig verschiedenen Anfangsbedingungen der Reaktion ab, hier von der anfänglichen Viruslast (Abb. 3 und 5.1). Damit können wir, charakteristischerweise für nichtlineare Systeme, den individuellen Ausgang der Virusinfektion, (Tod, Immunität (Im) oder chronischer Prozess (chr) in Abb. 5.1) nicht vorhersagen.

Pathologie-Beispiel

Wir haben als repräsentative Erkrankung für dieses Modell die Röteln als Ursache der Fuchs'Heterochromie-Zyklitis (FHC) des Auges entdeckt (Quentin CD and Reiber H, 2004), eine chronische, Jahrzehnte dauernde Erkrankung, bei der in einem Auge Rötelnviren persistieren und für die wechselnde Farbe der Iris und die langsame Entwicklung eines Katarakts verantwortlich sind. Das Rötelnvirus als Ursache haben wir durch die intraokulare Röteln-AK-Synthese bei der Kammerwasser-Analyse entdeckt. Auch die Viren selbst waren im Kammerwasser des erkrankten Auges bei jüngeren Patienten nachweisbar. Diese lokal synthetisierten Röteln-AK zeichnen sich gegenüber einer polyspezifischen Antikörperreaktion (Tab. 4.2) durch die 40-fach höhere Menge und gereifte, hohe Avidität aus.

Das Modell in Abb. 5.1 ist für die FHC passend, wenn wir einen limitierten Zugang der Antikörper über die Blut-Kammerwasser-Schranke annehmen, der lokal zu einer sehr niedrigen Konzentration des Antikörpers im Auge führt (1/500 stel der Blut-Konzentration). Dadurch kann das ins Auge eingewanderte Virus lokal nicht neutralisiert werden, obwohl der Gesamtorganismus immun gegen Röteln geworden ist.

Solche Prozesse sind auch bei Ebola-Infektionen beobachtet worden. Die subakute sklerosierende Panenzephalitis nach Masern-Infektionen ist mit dem mutierten Masern Virus im Gehirn ein Sonderfall.

Neue Therapiekonzepte
Mit diesem Modell einer nichtlinearen Dynamik wird auch zum ersten Mal ein rationales Therapiekonzept für eine chronische Krankheit vorschlagbar.

Als Krankheitsbeispiel wird die von Röteln ausgelöste FHC des Auges diskutiert.

In den Fällen mit anfänglich hoher Viruslast (rechter Bereich in Abb. 5.1) kann, um zur Heilung der Infektion (Immunität) zu führen, die rechte gestrichelte Linie in Richtung der mittleren Zone durch zwei verschiedene Möglichkeiten überschritten werden. Und zwar durch die gängigste Therapie mit einem Antiviralen Medikament (Pfeil nach links, Erniedrigung der Antigenmenge) oder durch eine Gabe von Immunglobulin, das die Erhöhung der spezifischen Antikörper (Pfeil nach oben) bewirkt.

Ziel ist es nun, entsprechende Therapie-Lösungen für die linke Seite mit dem stabilen Attraktor (chr) zu finden, um in den mittleren Reaktionsbereich zu gelangen, und so die Immunität zu erreichen. Dies könnte durch Verstärkung der Immunantwort (Pfeil nach rechts, Erhöhung der Antigenkonzentration) als eine scheinbar paradoxe Verschlimmerung der Erkrankung, oder aber durch eine Erhöhung der spezifischen Antikörper, durch eine spezifische Immunglobulintherapie (Pfeil nach oben), geschehen. Letzteres wäre durch die Injektion der im Blut des Patienten reichlich vorhandenen Röteln-AK ins Auge theoretisch denkbar. Eine Verstärkung der lokalen Immunreaktion wurde tatsächlich bei Herpes-Enzephalitiden durch die (ungeplante, unspezifische) Induktion einer stärkeren intrathekalen Immunreaktion mit Alpha-Interferon mit überraschendem Erfolg beschrieben (H. Prange in Reiber 2017a). Auch die in der Vor-Penicillin-Ära erfolgreiche Behandlung der Syphilis mit einer artifiziellen Malariainfektion weist in diese Richtung.

Dieses Therapie-Beispiel macht damit auch klar, warum eine antibiotische Therapie, wie es bei der Post-Lime-Erkrankung unsinnigerweise immer wieder versucht wird, im Falle eines stabilen Attraktors keinen Erfolg haben kann.

Die entsprechende Antwort bei Post Covid könnte lauten: Die Immunreaktion aktivieren durch Impfen.

5.2   Immunreaktionen ohne spezifisches Antigen

Das dänische Krankheitsregister zeigt, dass Autoimmunreaktionen häufig wenige Wochen nach einer Infektion auftraten. Dabei war kein Zusammenhang zwischen dem Erreger der Infektion und der Organspezifität der Autoimmunerkrankung erkennbar. Dass dies nicht nur nach Wildtyp-Infektionen, sondern auch nach Impfungen möglich ist, zeigt besonders eklatant die Golf War Illness (GWI) (Reiber 2017a).

Golf War Illness (GWI)
Die Golfkriegserkrankung geht auf den ersten Golfkrieg 1991 zurück, bei dem 800.000 Soldaten (US-Amerikaner und 80.000 Briten) beteiligt waren. Die Symptome waren Chronic Fatigue Syndrom, multichemische Allergien, Hautausschlag, kognitive Beeinträchtigungen sowie chronische Gelenkschmerzen. Ein inzwischen unzweifelhafter Trigger waren bei der Golfkriegskrankheit die bis zu 8-fach Impfungen innerhalb von 14 Tagen. Bei 110.000 betroffenen Amerikanern mit bis zu 25 Jahre anhaltenden Symptomen wurde von zehn offiziellen Regierungskommissionen mit 10 Berichtsbänden (National Academy of Science, 2016) bislang keine andere Kriegs-assoziierte Ursache gefunden.

Die Untersuchungen sind nach eigenen Angaben der Regierungskommissionen allerdings stümperhaft.

Wissenschaft und Politik
Die GWI hat ein politisch und wissenschaftstheoretisch ungeheuer brisantes Potential. Die US-Regierung hat sehr früh die GWI als organische Krankheit als kompensationsfähig anerkannt. In Grißbritannien wurde das GWI als „Post-War Stress Syndrome" bezeichnet und die Patienten wurden der Psychiatrie zugeordnet. Diese wurden zum Teil mit elektrokonvulsiver Therapie behandelt (Quelle: The Guardian).

Die Diskussion eines naheliegenden Zusammenhangs zwischen GWI und der bis zu 8-fachen Impfung wird durch die amerikanischen Regierungs-Kommissionen, denen auch Vertreter der Pharmaindustrie angehörten, systematisch unterdrückt. Bereits im ersten der als Konsens publizierten Berichtsbände wurde von den Auswirkungen der „Präventivmedizin" oder der Rolle von Immunbiologika gesprochen, womit einfach Impfstoffe gemeint waren. Im fünften der 10

Berichtsbände wurde die wissenschaftlich hervorragende Arbeit von L. Steele, die einen Zusammenhang zwischen Impfungen und Golfkriegskrankheiten aufzeigt, falsch platziert und in den Referenzen nicht zitiert. Unser sehr früher Kommentar mit dem Titel „Victims of war and science" wurde erst publizierbar nach Änderung des Titels (Reiber, Davey 1996). Heute ist, auch durch die Untersuchungen der Charité in Berlin zu Covid, ohne Zweifel die Impfung eine mögliche Ursache einer CFS/ME Symptomatik.

Die mit GWI verbundenen, vielfältigen Symptome, wie CFS/ME, wurden in den Kommissionsberichten hauptsächlich mit toxischen Kriegsmitteln (Lösungsmittel, Treibstoff, Pestizide, Nervengas usw.), Langzeiteffekten von Explosionen, austretendem radioaktivem Uran, und deren Kombinationen in Verbindung gebracht. Ein grundlegendes Argument bleibt unterrepräsentiert: Die Golfkriegskrankheit tritt bei unterschiedlich involvierten Gruppen von geimpften Veteranen auf. Das sind neben denjenigen, die auf dem Schlachtfeld waren, auch solche, die lediglich in der Verwaltung, weit weg von den Risiken des Schlachtfelds eingesetzt waren (Reiber 2017a).

Infektion und Impfung als Trigger
Im Zusammenhang mit der Entstehung polyspezifischer Antikörper beim GBS wurde deutlich, dass jeder neue B-Zell-Klon durch seine Interaktion im immunologischen Netzwerk andere B-Zell-Klone stimuliert, wozu auch Autoantikörperbildende Zellklone gehören. Die Hochregulation eines solchen Klons kann natürlich zu einer so hohen Autoantikörper-Konzentration im Blut und ZNS führen, dass eine Autoimmunreaktion plausibel wird. Die Krankheit wäre also als Konsequenz der individuellen, zufälligen Konnektivität im B-Zell-Netzwerk erklärbar.

Wir haben hier auf jeden Fall ein Beispiel, das zeigt, wie eine beliebige systemische Infektion zu einer kausal nicht zuzuordnenden Immunsystem-assoziierten Krankheit führt.

Dass eine Erklärung auch ohne die initiale Infektion denkbar ist, zeigt die dritte Gruppe, die sich mit Attraktor-Wechsel oder natürlichen Fluktuationen der Komponenten des Immunsystems befasst.

5.3 Immunsystem assoziierte Pathologien (ISAP)

In der Neurologie und insbesondere in der Psychiatrie gibt es eine dritte Art von chronischen Krankheiten, die mit dem Immunsystem assoziiert werden, aber keines der zuvor genannten immunologischen Merkmale im Liquor zeigt. Dazu gehört auch das Spektrum der bipolaren und schizophrenen Erkrankungen, die eventuell einer milden Enzephalitis (K. Bechter 2020) zugeordnet werden können. In dieser Gruppe findet man bei 30 % der Patienten eine leichte Schranken-störung und erhöhte Zytokinkonzentrationen im Liquor und auch, damit nicht gekoppelte, erhöhte Neopterinkonzentrationen. Weitere Hinweise auf eine Enze-phalitis sind Entzündungen im Frontallappen des Gehirns und die Wirksamkeit immunmodulatorischer Therapien.

Die Schwierigkeiten, für eine solche Krankheitsgruppe eine eigenständige Pathophysiologie zu generieren, werden im Review von K. Bechter (2020) deutlich.

Diese Krankheitsgruppe mag ein Beispiel dafür sein, dass Krankheit als Option jedes lebenden Organismus ein spontaner, zufälliger Prozess sein kann. Das nächste Kapitel erklärt wie natürliche statistische Fluktuationen molekularer, biochemischer oder biologischer Komponenten ohne besonderen Auslöser vom gesunden System in einen Regelzustand wechselt, den wir als Krankheit erfahren.

Wissensbasis Komplexe Systeme

6

Die Komplexitätswissenschaft behandelt Konsequenzen der nichtlinearen Funktionen, die wir in Zeitreihen (Abb. 2 und 6.1a) oder in Phasenporträts (Abb. 6.1b und 6.2) darstellen können. Da es in der Natur eigentlich nur nichtlineare Funktionen gibt, muss es verwundern, dass dies so wenig in die naturwissenschaftlichen Arbeiten eingeht. So analysierten die Kardiologen die Variabilität des Herzschlags im internationalen Konsens (Circulation, 1991) mit linearem Statistikkonzept, das die Nichtlinearität der gemessenen Zeitreihe ignoriert.

Die Problematik beginnt bereits mit der Bedeutung zentraler Begriffe, die sich oftmals kritisch vom umgangssprachlichen Gebrauch unterscheiden.

6.1   Komplexität und Chaos

Umgangssprachlich wird das Wort ‚komplex' oft unspezifisch anstelle von ‚kompliziert' verwendet. Wissenschaftlich ist Komplexität aber als komplementärer Ausdruck zu Ordnung zu verstehen. Damit ist auch eines der gängigen Missverständnisse des Begriffes ‚Chaos' geklärt: Es handelt sich dabei um einen korrekterweise als ‚deterministisches Chaos' zu bezeichnenden Ordnungsbegriff. Zeitlich aufeinander folgende Werte haben in der chaotischen Zeitreihe einen inneren Funktionszusammenhang, im Gegensatz zu einer zufälligen Daten- oder Ereignisfolge, die man als Rauschen bezeichnet (Reiber 2007).

Attraktor
Als Attraktor wird der Bereich bezeichnet, der die Zustandsfolgen aller möglichen Anfangsbedingungen einschließt (basin of attraction). Graphisch ist dieser

H. Reiber, *Liquordiagnostik in der Neurologie*, essentials, https://doi.org/10.1007/978-3-662-68136-7_6

Bereich als sog. Phasenportrait darstellbar. Ein System, wie z. B. ein Pendel, das trotz lokaler Fluktuation immer auf denselben Grundzustand zielt, also eine globale Stabilität hat, hat z. B. einen Punkt-Attraktor.

Fraktale Dimension
In der Natur gibt es keine geraden Linien (Dimension $= 1$) oder ebene Flächen (Dimension $= 2$). Es gibt nur gebrochene, d. h. fraktale oder eben nicht ganzzahlige Dimensionen (z. B. 1,2; 2,8; 7,4 etc.). Die fraktale Dimension ist eines der Maße, das die Komplexität eines Attraktor numerisch charakterisiert.

Selbstähnlichkeit
Die in verschiedenen Größenordnungen einer Gestalt gefundene Ähnlichkeit wird als Selbstähnlichkeit oder Skaleninvarianz bezeichnet. Diese spezielle Symmetrie durchzieht die gesamte Natur und ist Basis der fraktalen Geometrie. Das Romanesco Gemüse stellt ein auf jedem Gemüsemarkt zugängliches, anschauliches Beispiel dar.

6.2   Zeitreihen, Algorithmen und Iteration

Zeitreihen können als kontinuierliche (Abb. 2) oder mit konstanten Zeitabständen gemessene Datenfolgen dargestellt sein (Abb. 6.1a). Hinter diesen empirischen Zeitreihen stehen Zusammenhänge (Algorithmen) deren mathematische Funktionen wir meist nicht kennen.

Algorithmus ist im weitesten Sinne die Beschreibung eines Verfahrens, einer Handlungsanweisung, und im speziellen Sinne eine mathematische Funktion.

Die Iteration
Die Iteration ist das mathematische Entwicklungsprinzip (Tab. 6.1). Bei Wiederholung (Iteration) der Berechnung einer mathematischen Funktion (Algorithmus) wird das Ergebnis des vorigen Durchgangs für die Berechnung im nächsten Durchgang eingesetzt (s. Logistische Gleichung).

Bifurkation – Der Weg ins Chaos
Mit der einfachen nichtlinearen Logistischen Gleichung (LG) oder Populations-Gleichung wird der Weg beschreibbar, wie aus einer linearen Zeitreihe durch minimale Veränderungen eines Parameters (r, Wachstumsfaktor) eine (deterministisch) chaotische Zeitserie entsteht.

$$X_{n+1} = r\, X_n\, (1 - X_n)$$

Tab. 6.1 Iterationsbeispiele für die Logistische Gleichung

r = 2	r = 3,4
$X_{n+1} = 2 \cdot 0.300\ (1\text{-}0.300) = 0.420$	$X_{n+1} = \mathbf{3,4} \cdot 0.300\ (1\text{-}0.300) = \mathbf{0.714}$
$X_{n+1} = 2 \cdot 0.420\ (1\text{-}0.420) = 0.487$	$X_{n+1} = \mathbf{3,4} \cdot 0.714\ (1\text{-}0.714) = \textit{0.694}$
$X_{n+1} = 2 \cdot 0.487\ (1\text{-}0.487) = 0.500$	$X_{n+1} = \mathbf{3,4} \cdot 0.694\ (1\text{-}0.694) = \mathbf{0.722}$
$X_{n+1} = 2 \cdot 0.500\ (1\text{-}0.500) = 0.500$	$X_{n+1} = \mathbf{3,4} \cdot 0,722\ (1\text{-}0.722) = \textit{0.682}$
$X_{n+1} = 2 \cdot 0.500\ (1\text{-}0.500) = 0.500$	$X_{n+1} = \mathbf{3,4} \cdot 0,682\ (1\text{-}0.682) = \mathbf{0.737}$

Diese Gleichung charakterisiert z. B. die zu erwartende Größe einer Kartoffelkäfer Population im nächsten Jahr (X_{n+1}), wenn die Käfer-Population dieses Jahr X_n ist.

Im einfachsten, linearen Fall würde man erwarten, dass sich bei einer Startzahl der Käfer $X_n = 30$ und einer Reproduktionsrate r = 2 die Zahl der Käfer verdoppelt und im übernächsten Jahr vervierfacht hat (X = 120). Nun ist aber die Reproduktionsrate r auch von der limitierten Nahrungsquelle, den Kartoffelpflanzen, abhängig. Wenn nun diese Pflanzen in diesem Garten oder Feld maximal 100 Käfer ernähren können, wäre das maximale $X_{n+1} = 100$, entsprechend 100 %, oder als normierte Zahl 1,0. Durch die Kompetition um die Nahrung (Rückkopplung) wird dann r(1-X_n), d. h. r wird umso kleiner, je größer die Populationszahl wird. Dieser Zusammenhang mit einer Rückkopplung führt zur nichtlinearen Funktion der logistischen Gleichung mit einem quadratischen Term entsprechend $X_{n+1} = r\ (X_n - X_n{}^2)$.

Im Beispiel in Tab 6.1 ergeben sich mit r = 2 und Startwert $X_n = 0,3$ für X_{n+1} im nächsten Jahr und im Jahr darauf durch Iteration die in Tab. 6.1 gezeigten folgenden Werte.

X_n nähert sich mit r = 2 einem konstanten Grenzwert (0,5 = 50 % der maximal ernährbaren Populationsgröße) der Käferpopulation (Abb. 6.1a).

r ist die Variable, von der alles abhängt. Wenn r > 3 wird, passiert etwas, was nur durch die nichtlineare Funktion möglich ist: es gibt eine Symmetriebrechung in der Populationsentwicklung: Mit der Reproduktionsrate r = 3,4 (Tab. 6.1) und derselben Startpopulation $X_n = 0,3$ zeigt die Zeitreihe in den folgenden Jahren periodisch wechselnde Populationsgrößen zwischen den Grenzwerten 0,6 (60 %) und 0,8 (80 %) (Tab. 6.1 und Abb. 6.1a). Mathematisch nennt man das eine Bifurkation. Mit jeder weiteren Änderung von r ändern sich zuerst die Grenzwerte, bis bei einem kritischen Punkt das System eine neue Bifurkation zeigt. Am Bifurkationspunkt, (point of criticallity in der Physik) passiert etwas wie am Siedepunkt des Wassers bei 100° C, das System wechselt zwischen zwei Attraktoren

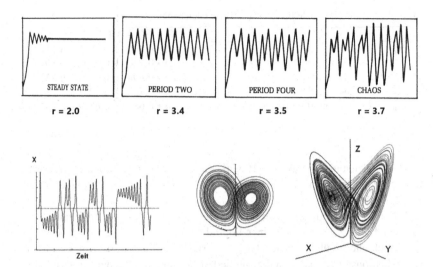

Abb. 6.1 a (oben). Zeitreihen der Logistischen Gleichung als Funktion der Reproduktionsrate, r. Bei r = 3,0 geht die konstante Populationszahl in eine periodisch schwankende, oszillierende über, bei ca. 3,45 in eine quasiperiodische (4er Rhythmus), bei 3,55 in einen 8er Rhythmus (nicht gezeigt) und bei 3,6 in eine chaotische Zeitreihe
b Von der Zeitreihe x(t) zum rekonstruierten Phasenportrait mit 2 oder 3 Dimensionen (Achsen t_n, t_{n+1}, t_{n+2}). Hier der Lorenz-Attraktor, der sich aus drei nichtlinearen Funktionen verschiedener Wetterparameter ergab. (Abb. modifiziert aus Gleick und Briggs et al.)

oder Zuständen, flüssiges Wasser und Wasserdampf. Das sind evtl. nur geringfügige Änderungen von r, die eine neue Bifurkation bewirken Bei einer linearen Funktion wäre ein so kleiner Wechsel von r = 3,44 zu 3,46 für das Ergebnis vernachlässigbar. Das ist aber der Unterschied zwischen einer linearen und einer nichtlinearen Funktion mit bemerkenswerten Konsequenzen.

Die Abb. 6.1a zeigt mit wachsendem r diesen Weg zur chaotischen Zeitserie mit extremsten Populationsschwankungen zwischen 10 und 90 %. In unserem Beispiel erklärt das, warum Käferpopulationen mit verschwindend geringer Zahl in einem Jahr, gefolgt von einer katastrophalen Plage im nächsten Jahr, möglich sind.

Das lehrt uns zweierlei:

1. Eine Katastrophe kann Folge eines Algorithmus mit deterministisch chaotischer Zeitserie sein, also kein Zufall

2. Sie ist nicht prognostizierbar, da eine nichtlineare Zeitreihe in der Realität von den nie komplett bekannten Anfangsbedingungen abhängt ($X_n = 0{,}301$ statt $0{,}300$ würde durch die Iteration eines quadratischen Terms den Zustand im selben Zustandsraum total verschieben. Der Meteorologe Edward Lorenz hat dies erstmals 1963 bemerkt, als er beim Rechnen auf den langsamen Computern jener Zeit versuchte, die Zahl der Dezimalen zu verkürzen. In der Abb. 6.1b mit dem nach ihm benannten Lorenz-Attraktor wird das durch die unterschiedlichen Verläufe benachbarter Zustandswerte auf den Trajektorien in einem Zustandsraum deutlich. Der Wechsel auf eine naheliegende Trajektorie kann das System in den anderen Flügel des Atrraktor katapultieren.

6.3 Der Zustandsraum eines Attraktors

Der deterministische Charakter einer Zeitreihe, $x(t)$, kann durch eine Rücklaufkurve mit zeitverzögerten Koordinaten, $x(t + ß)$ oder $x(t + 2ß)$ (Abb. 6.1b), dargestellt werden. Die Anzahl der Koordinaten ist die Einbettungsdimension m. $ß = 1, 2$, usw. steht für die „Verzögerung" (Sekunden, Minuten, Schläge usw.). Das Ausmaß der Verzögerung ist in einem gewissen Rahmen variabel wählbar, bedingt durch die Selbstähnlichkeit, die Größeninvarianz der Zeitreihe. Die so gewonnenen Punkte im Plot werden durch eine sog.Trajektorie verbunden (Linien in Abb. 6.1b und Abb. 6.2).

Die Abb. 6.1b zeigt die dreidimensionale Einbettung des Lorenz-Attraktors. Das „Phasenporträt" in einer solchen Rücklaufkurve (return plot) stellt die Komplexität in Form des Attraktors dar (Punktattraktor, Ringzyklusattraktor, bis hin zu seltsamen Attraktoren mit n-dimensionalen Formen). Die Erweiterung der Einbettungsdimension ($ß = 3$ etc.) könnte so weitergehen, bis die Gestalt durch weitere Vergrößerung der Einbettungsdimension sich nicht mehr verändert: Es wird so der Eigenwert, die fraktale Dimension, des Systems erreicht.

6.4 Interpretation von Daten aus komplexen Systemen

Es gibt drei einfache, praktikable Methoden für die Bestimmung der Komplexität einer Zeitreihe (Reiber 2007).

- Darstellung des Attraktors als Phasenporträt (Abb. 3, 6.1b und 6.2)
- Numerische Charakterisierung der fraktalen Dimension im Power Blot
- Approximierte Entropie, ApEn, (S.Pincus).

6.4.1   Attraktoren im Phasenportrait

Die Abbildung (Abb. 6.2) zeigt ein Anwendungsbeispiel des *Phasenportraits* mit Zeitserien von drei Einzelpersonen: einer normalen Kontrolle, einem Patienten mit einer Neigung zu Herzkammerflimmern und einem Patienten auf der Intensivstation mit einem Guillain-Barré-Syndrom (GBS). Die aus einem Elektrokardiogramm (EKG) abgeleiteten Schlag-zu-Schlag-Intervalle (R-R-Intervalle, Tachogramm) ergeben die entsprechenden Zeitreihen. (Obere Reihe in Abb. 6.2).

Die Unterschiede im EKG der drei Personen in Abb. 6.2 sind bereits in den Zeitreihen erkennbar: die gesunde Person zeigt eine chaotische Abfolge der Zeitintervalle, der Patient mit der Herzerkrankung zeigt eine periodische Schwankung

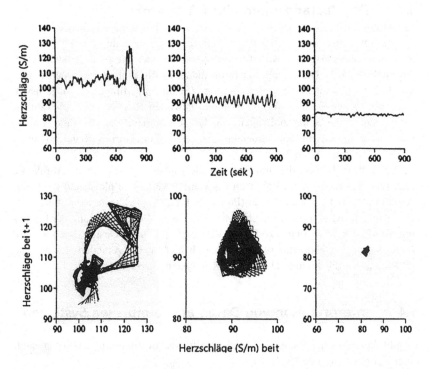

Abb. 6.2 Herzschlag-Variabilität in der Zeitreihe einer gesunden Kontrollperson (chaotisch), eines Patienten mit Risiko für Kammerflimmern (periodisch) und eines Patienten mit Guillain-Barré-Syndrom (GBS). Die untere Reihe zeigt die zugehörigen Phasenporträts in den Umkehr-Plots, die aus den Zeitreihen zweidimensional entwickelt werden

im zeitlichen Abstand aufeinander folgender Herzschläge und der GBS-Patient hat keine Variation in den R-R-Intervallen. Die entsprechenden Umkehr-Plots zeigen dies mit einem ringzyklischen Phasenportrait, das in einen kollabierten Ringzyklus und beim GBS in einen scharfen Punktattraktor übergeht.

Diagnostisches Ergebnis: Bereits in den Phasenporträts ist erkennbar, dass die komplexe Herzregulation bei der gesunden Person in eine geringere Komplexität bei den erkrankten Patienten übergeht. Durch entsprechende Auswertung im Powerplot ist das als Abnahme der fraktalen Dimension numerisch quantifizierbar.

Krankheit als Abnahme der Komplexität der Regulation

Die Zunahme (!) der Ordnung, ist mit einer geringeren (!) Stabilität des Systems verbunden. Das könnte zur Analyse einer Risikoprognose benutzt werden. Die fatale Konsequenz dieser Aussage zeigte sich im Fall des Patienten mit periodischem Herzschlagintervall, der zwei Wochen nach dieser Untersuchung in einem unkontrollierten Moment an Kammerflimmern verstarb (Ref in Reiber, 2017a).

Die Beobachtung einer Abnahme der Komplexität bei einer Erkrankung hat sich bei verschiedensten Krankheiten bestätigt. Am offensichtlichsten beim epileptischen Anfall. Das normale, chaotische Alpha-Wellen-Muster im EEG geht in einen periodischen Rhythmus über. Mit artefiziellen neuronalen Netzen lässt sich anhand der Abnahme der Komplexität im normalen Alpha-Muster ein beginnender Anfall bereits lange vor den klassischen Symptomen wie einer Aura etc. erkennen. Bei der Osteoporose verliert das Parathormon seine im Blut messbare Variabilität und damit auch die Regulierbarkeit im Calcium-Stoffwechsel. Dies wird nur über die Zeitserienanalyse erkennbar, da sich der Mittelwert der Konzentrationen im Blut nicht signifikant ändert.

Die Grenze dieses Auswertungswerkzeugs ergibt sich aus der Notwendigkeit von hinreichend großen, äquidistanten, ununterbrochenen Datensätzen (> 500 Werte). In der Medizin ist dies meist nur durch nicht-invasive Messmethoden (EEG, EKG) erreichbar.

6.4.2 Power Plot und ApEn

Für die praktische Darstellung der Komplexität eines Systems kann eine andere mathematische Form, der Power Plot, mit numerischer und graphischer Darstellung gemacht werden (Reiber 2017a).

Nahezu alle Naturgesetze sind nichtlinear und lassen sich durch Exponentialfunktionen (power law) der folgenden Form im doppelt logarithmischen Plot analysieren.

$N(s) = s^a$ oder log N = a log s.

B. Mandelbrot hat dieses Konzept erstmals für die Regulation der Baumwollpreise entdeckt. Er hat die von Monat zu Monat registrierten Preise in einer chaotischen Zeitserie aufgenommen (s., z. B. in Abb. 6.1a) und dann, sehr trickreich, die Differenzen der aufeinander folgenden Messwerte registriert und nach deren Größe sortiert. Die mittleren Häufigkeiten (y-Achse) dieser Wertegruppen wird dann gegen deren zunehmende mittlere Größe (x-Achse) doppelt logarithmisch aufgetragen. Die so gefundene Gerade der Steigung a (obige Gleichung) im Doppelt-Log-Plot zeigt die Selbstähnlichkeit des Systems in einem bestimmten Größenordnungsbereich an und mit dem numerischen Wert der Steigung die fraktale Dimension des analysierten Systems. Das bedeutet, dass der Algorithmus der Regulation, unabhängig von der Größenordnung des Messbereiches, derselbe ist.

Das ist das, was wir analysieren wollen: eine Änderung der fraktalen Dimension (Steigung a) bedeutet eine Änderung der Regulation des untersuchten Systems.

Allen Auswerteverfahren der nichtlinearen Funktionen ist eines gemeinsam: die Reihenfolge, d. h. der Zusammenhang der Messdaten, darf nicht unterbrochen werden.

Für die Praktikabilität ist die notwendige Größe des Datensatzes mit der ausreichend großen Variation in der Größe der Intervalle zwischen benachbarten Datenpunkten ausschlaggebend.

Die *Approximierte Entropie* (ApEn) ist eine rein mathematische Methode, die die kleinsten Zahlenmenge äquidistanter Datenpunkte (50–100) der Zeitserien für eine Interpretation braucht (Pincus in Reiber 2017a).

Wissensbasis Biologische Stabilität und materielle Selbstorganisation

7

Biologische Stabilität ist eine Konsequenz eines in materieller Selbstorganisation gebildeten Phänotyps, der sich in der Evolution bewährt hat.
Diese für mich zentrale Aussage zur biologischen Basis von Krankheit und dem konzeptionellen Umgang damit, möchte ich etwas ausführen, anhand von zwei Erkenntnissen die sowohl die Physik als auch die Biologie paradigmatisch verändert haben, oder zumindest haben könnten: Die Nichtgleichwichts-Thermodynamik von Ilya Prigogine und die neue Bedeutung der Epigenese nach den unerwarteten Ergebnissen des Human Genome Projects.

Das eine ist die physikalische Grundlage zum Verständnis der Entstehung von Ordnung, Form und Gestalt, das zweite ist die Basis einer neuen Entwicklungsbiologie, die dem Phänotyp mit der Epigenese eine wichtige Rolle zuteilt.

Damit bekommen auch einige der viel früheren Beobachtungen einen adäquaten Zusammenhang. Dazu gehören die Entwicklungsmodelle der Form von D'Arcy Thompson, das Epigenesemodell Hal Waddingtons und die Mathematik des morphogenetischen Wachstums von Alan Turing.

7.1 Materielle Selbstorganisation – Nichtgleichgewichts-Thermodynamik

Die chemische Reaktion, die zum chemischen Gleichgewicht führt, und dabei Wärme und Entropie produziert, ist ein meist bekanntes Beispiel aus der Thermodynamik. Wenn nun einem physikalischen oder chemischen Prozess stetig Energie zugeführt wird, entstehen Ordnung und Struktur oder ein Fließgleichgewicht (Steady state), die fernab des thermodynamischen Gleichgewichts existieren. Das beschreibt die Nichtgleichgewichts-Thermodynamik.

© Der/die Autor(en), exklusiv lizenziert an Springer-Verlag GmbH, DE, ein Teil von Springer Nature 2023
H. Reiber, *Liquordiagnostik in der Neurologie*, essentials,
https://doi.org/10.1007/978-3-662-68136-7_7

Sie erweitert die klassische Gleichgewichts-Thermodynamik Boltzmanns, die für lebende Systeme zu falschen Ergebnissen kommt, wie etwa dem, dass in einem chemischen oder anderen dynamischen System die Unordnung wahrscheinlicher ist, als die Ordnung. Es ist umgekehrt:

Ordnung entsteht spontan aus Unordnung, allerdings nur in Systemen fernab des thermodynamischen Gleichgewichts – aber dazu zählen alle lebenden, biologischen Systeme.

7.2 Selbstorganisation von Ordnung und Struktur der Materie

Es gibt ein einfach nachzuvollziehendes Beispiel, mit dem die Selbstorganisation von stabiler Ordnung in dissipativen Systemen beschrieben werden kann: Das ist die Entstehung von Bénard-Figuren (Abb 7.1). Dazu wird Wasser mit einem geeigneten Indikator in einer flachen Pfanne auf einer Heizplatte erwärmt. Zunächst wird Wärme durch einzelne Molekülkollisionen (Diffusion) geleitet. Mit zunehmendem Temperaturgradienten entstehen spontan Cluster aus kohärenter Bewegung der Wassermoleküle (Konvektion, Fluss). Es entstehen Wirbel, die die Flüssigkeit in Zellen aufteilen. Wir erhalten Diffusion-Konvektions-Grenzflächen. Wenn die Temperatur weiter erhöht wird, wird aus der großen Unordnung plötzlich, spontan ein neuer Zustand der Ordnung, ohne dass sich irgendeine neue ordnende Kraft eingestellt hätte. Das System geht durch einen Symmetrie-brechenden Schritt (Bénard-Instabilität), selbstorganisiert, in einen neuen stabilen Zustand über. Es entstehen die in Abb. 7.1 gezeigten hexogonalen Strukturen aus Einheiten, in denen außen die erwärmten Wassermoleküle aufsteigen, sich an der Oberfläche abkühlen und in der Mitte wieder absinken. Mit weiter steigender Temperatur verändern sich die hexagonalen Oberflächenmuster wieder zu komplexeren geometrischen Figuren, bevor das Wasser den Siedepunkt erreicht.

Als Lösung der Instabilitäten geht ein dissipatives System in eine neue Ordnung über.

Unter Ordnung versteht man kohärente Molekülbewegungen.

Ein turbulentes System ist in sofern geordnet, als die Bewegungen zweier Moleküle, zwischen denen ein makroskopischer (in Zentimetern zu messender) Abstand besteht, dennoch korreliert sind. Dagegen ist ein Kristall mit seinen inkohärenten, um die Gleichgewichtslage schwingenden, Atomen hinsichtlich seiner Wärmebewegung ungeordnet. Fernab des thermodynamischen Gleichgewichts ist in diesem Sinne die Turbulenz wahrscheinlicher als die Unordnung. Im Gleichgewicht sind die Teilchen (z. B. Atome im Gas) nur schwach korreliert, dagegen ist die Korrelationsreichweite im Nichtgleichgewicht (Korrelation in der Turbulenz etc.) bis zu 10^8-fach größer. Das ist die Erklärung dafür, dass die Abnahme der Komplexität bei Krankheiten (Abb. 6.2) mit einer zunehmenden Instabilität einhergeht.

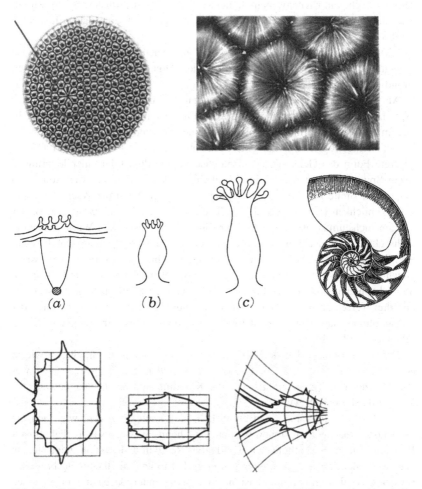

Abb. 7.1 Selbstorganisation und Geometrie. Oben: Bénard Figuren mit Ausschnitt-Vergrößerung, Mitte: Phasen von Wasser Spritzern (a,b) im Vergleich mit dem Hohlkörper eines Polyps (Nesseltier) (c). Gehäuse des Tintenfischs (Nautilus). Unten: Körperformen der Krabben- Spezies Geryon, Corystes, Scyramathia (von links). (Aus D'Arcy Thompson 1917, 2014)

7.3   Geometrische Regeln der Formbildung

Die Entstehung der Bénard-Figuren ist ein physikalisches, materielles Beispiel für den im Komplexitätskapitel beschriebenen Bifurkationsweg ins Chaos. Was dort als rein mathematische Zusammenhänge dargestellt wird, ist hier mit materiellen, physikalisch begründeten Formen verbunden und führt zu völlig neuen Erkenntnissen des materiellen, biologischen Wachstums. Durch Konvektion entsteht auf der Oberfläche ein Bienenwaben-ähnliches Muster. Dieses Muster ist kein Zufall, denn die hexagonalen Formen sind die beste Möglichkeit, eine Fläche lückenlos auszufüllen.

D'Arcy W. Thompson hat bereits 1917 in seinem Buch in genialer Weise gezeigt, dass die biologischen Formen der Organismen auf geometrischen Grundformen basieren.

Als allgegenwärtiges Beispiel selbstorganisierender Form ist der Spritzer (Splash) durch einen Tropfen, der in eine Flüssigkeit fällt (Abb. 7.1 Mitte). In diesem Fall ist die Form dem Hohlkörper eines Polypen (c) ähnlich.

Der Wassertropfen war nur eine Momentaufnahme. Die in Abb. 7.1 (Mitte) gezeigte Form des Gehäuses des Tintenfischs (Nautilus) folgt einer logarithmischen Spirale. Das ist die einzige Möglichkeit, wie das Größenwachstum nach Länge und Breite gleichermaßen möglich ist. So erhält es trotz Wachstum seine Selbstähnlichkeit (s. Komplexität). Andere Formen der Spirale würden z. B. nur Längenwachstum zulassen und das Tier wäre ein langgestreckter Wurm. Auch die sechseckige Form der Bienenwabe ist die selbstorganisierte geometrische Lösung, eine Fläche materiell lückenlos auszufüllen. Auch hier gibt es alternative, wenngleich nur theoretische Lösungen. Überall in der Natur finden wir die Realisation uns bekannter geometrischer Formen. Bei Pflanzen gibt es entwicklungsbedingt nur drei verschiedene räumliche Blattanordnungen und die Samenkörner der Sonnenblume, haben eine geometrische Anordnung, aus der die geometrische Fibonacci Reihe ablesbar ist.

D'Arcy Thompson hat noch eine andere Beobachtung vermittelt. So wie in Abb. 7.1 unten für die Körperformen von Krabben gezeigt, sind es bei vielen Pflanzen und Tieren einfach nur die Koordinaten-Transformationen die die Vielfalt der Formen bewirkt.

Die Formen und Funktionen entwickeln sich kontextbezogen, wie auch die Gene kontextbezogen exprimiert werden. Die chemische Belousov-Tschabotinski-Reaktion mit einer rhythmischen Oxidations/Reduktions-Reaktion zeigt sich in der zweidimensionalen Ausbreitung in einer Petrischale als flächig ausbreitende Oxidationswellen. Im dreidimensionalen Standzylinder dagegen gibt es einen rhythmischen Wechsel von Reduktions- und Oxidations-Zustand der gesamten Lösung, dies wird auch als chemische Uhr bezeichnet.

7.4   Das Element und das Ganze – Emergenz der Qualität

Die Konsequenzen der Selbstorganisation sind auch für die biologischen Funktionen beschreibbar. Für die Glykolyseoszillation wurde das bereits in Abb. 2 auf der zellulären Ebene gezeigt. Das Prinzip ist aber universell, wie wir an der Bewegung eines Vogelschwarms darstellen können.

Es ist faszinierend, einen Schwarm aus Zehntausenden von Staren am Himmel zu beobachten mit der Vielfalt der einander folgenden Bilder aus unerwarteten Richtungsänderungen und lokalen Verdichtungen der Massenbewegungen. Es entsteht der spontane Eindruck: ein kollektives Ganzes. Wie können die Tiere aber ohne zentrales Kommando überhaupt als Ganzes agieren? Das, was z. T. als Schwarmintelligenz beschrieben wurde, folgt einem einfachen Zusammenhang. Beim Starenschwarm hat jeder Vogel 5 bis 7 Nachbarn im Auge. Dabei spielt die Entfernung der Nachbarn (Dichte des Schwarms) keine Rolle. Der Algorithmus könnte so lauten: Halte denselben mittleren Abstand zu allen Nachbarn.

Änderungen der Schwarmform entspringen u. a., den zufälligen, kleinen, lokalen Fluktuationen, die sich über den ganzen Schwarm ausbreiten. Bei der Störung durch einen Falken wird im Schwarm nur mit einer lokalen Verdichtung ohne Störung der Ordnung reagiert. Das ist möglich, weil die lokale Ausweichreaktion mit der Verkürzung der Abstände unter den Vögeln die gesamte Dynamik (den Algorithmus der Interaktion) nicht stört. Die Invarianz des Algorithmus für den Abstand der Vögel ist eine wichtige Voraussetzung für die Stabilität des Schwarms.

Dieses ungesteuerte Entstehen (Emergenz) der wechselnden Gestalt des Schwarms basiert allein auf den lokalen Wechselwirkungen seiner Teile. Wir sehen, dass das, was man als Ganzes sieht, ausschließlich in dem Wirksamwerden des Algorithmus für das lokale Verhalten von einzelnen Vögeln untereinander steckt. Der einzelne Vogel hat nur lokale Information von der Position seiner wenigen nächsten Nachbarn, also keinen Überblick über das Ganze oder Information aus dem Ganzen.

7.5   Qualitäten sind nicht in ihren Elementen repräsentiert

Deterministische Prozesse führen durch Iteration, ohne externe Steuerung, allein auf der Basis der inneren Dynamik (Algorithmen) zur Eigenschaft des Systems: Emergenz von Ordnung, Gestalt oder auch Krankheit. Das sind Qualitäten des gesamten Systems.

Diese emergenten Qualitäten sind nicht-elementar, d. h. nicht in einem seiner einzelnen konstituierenden Elemente repräsentiert. Wir können die Qualität deshalb nur auf der Ebene der Qualität selbst studieren und nicht auf einer strukturellen Ebene unterhalb des Gesamtsystems (Molekül vs. Organ, Memory cell vs. Immunsystem).

Die emergente Qualität eines Ganzen ist in keinem der konstituierenden Elemente zu finden.

Das sollte uns bei der zunehmenden Tendenz zu einer molekularen Medizin oder gar molekularen Psychiatrie zu denken geben.

7.6   Genotyp und Phänotyp

Die in den 1960er Jahren postulierte Entwicklungshypothese war, dass das Genom durch die Entwicklung steuert und mit der Kenntnis des Genoms wir auch die Krankheiten verstehen und heilen werden. Das Scheitern der Gentherapie und auch der Stammzelltherapie konnte schon aus den Prinzipien einer selbstorganisierenden materiellen Entwicklung erwartet werden. Aber auch die Erkenntnisse aus der *Drosophila*-Genetik und dem Humangenom-Projekt zum Ende des letzten Jahrhunderts haben die Genetik und die Vorstellung vom Gen grundlegend verändert. Begriffe wie Alternatives Spleißen bei der Genexpression oder RNA-Interferenz, die posttranskriptionale Kontrolle der mRNA durch Mikro-dsRNA, ebenso wie Gene-Silencing, das Abschalten von unbenutzten Genen durch Methylierung, haben eine neue Sicht auf die Epigenese in der Entwicklung entstehen lassen.

Was auch immer von einem Genom exprimiert werden kann, es gewinnt nur Gestalt, wenn damit ein Prozess verbunden ist, der eine stabile Form, d. h. einen Attraktor hat. Brian Goodwin (1997) hat dies mit der selbstorganisierten, von Calcium abhängigen Entwicklung der phylotypischen Form, der Blattbildung, bei der Alge Acetabularia exzellent gezeigt.

Stabilität des funktionierenden Organismus ist nicht durch das Genom, das ständigen Mutationen ausgesetzt ist, gewährleistet. Nur die materielle Realisation als Phänotyp hat Stabilitätskriterien. *Jede neue Mutation am Genom unterliegt dieser Realitätskontrolle, d. h. der phänotypischen Realisierbarkeit.* Das hatte Herr Dawkins bei seiner Idee vom ‚Selfish Gene' nicht bedacht. Das Genom ist nicht gesteuert und steuert nicht. Das Rational der Entwicklung eines Organismus kommt aus der Entstehung von Ordnung und Form durch die Selbstorganisation der Materie. Diese Fixierung auf die Bedeutung der Genetik kommt aus der Fehlinterpretation des Genoms als genetisches Programm durch Jacob und Monod (F. Jacob: *Die Logik des Lebenden. Von der Urzeugung zum genetischen Code.* 1972).

7.7 Biologische Stabilität

Thermodynamisch heißt Stabilität, dass unter den gegebenen Bedingungen alle dynamischen Prozesse immer wieder und aus verschiedenen Zuständen auf ein Muster, eine Form, eine Gestalt hin konvergieren. Das wird mathematisch als Attraktor bezeichnet. Im biologischen Zusammenhang hat der Attraktor eine materielle Basis. Alle Strukturen oder Funktionen sind auf der Basis physikalischer Eigenschaften der Materie entstanden und werden damit auch aufrechterhalten. Der Attraktor ist real als ein emergentes Ganzes (Schwarm, Spezifische Zelle, Organismus). Das emergente Ganze ist Ausdruck der Algorithmen und nicht der konstituierenden Elemente.

Diagnostik der Krankheit als emergentes Ganzes

Als Konsequenzen der vorigen Kapitel ist eine chronische Krankheit unter folgenden Aspekten zu behandeln

1. Krankheit ist ein stabiler Zustand, d. h. die entsprechende Regulation hat einen Attraktor
2. Die Regulation im Teilsystem ist durch eine geringere Komplexität charakterisierbar. Das mag mit einer geringeren biologischen Stabilität verbunden sein.
3. Die Krankheit ist wie eine emergente Qualität zu behandeln. Die pathologischen Veränderungen und Symptome sind auf der Ebene des Gesamtsystems zu studieren (Rhythmik, Komplexität etc.). Sie sind nicht repräsentiert in irgendeinem der konstituierenden Teile (Zellen, Moleküle). Als Beispiel: Wir können das Verhalten des Schwarms, z. B. seine Stabilität gegenüber einem Fressfeind, nur am Schwarm studieren, nicht am einzelnen Vogel.
4. Chronische neurologische, Immunsystem-assoziierte Krankheiten sind charakterisiert durch die systemischen Netzwerkeigenschaften des Immunsystems, die Schrankenpassage mit fokalemr Prozess mit willkürlicher Lokalisation. Gleichzeitigwirken über die immunkompetenten Hirnzellen organübergreifende Einflüsse durch ein Zytokin Netzwerk. Es dreht sich dabei also in vielfältiger Weise um selbstorganisierende komplexe Zusammenhänge.

Diese Aspekte sind die Grundlage neuer Diagnostik- und Therapie- Konzepte

H. Reiber, *Liquordiagnostik in der Neurologie*, essentials, https://doi.org/10.1007/978-3-662-68136-7_8

8.1   Liquordiagnostik bei chronischen Erkrankungen

Liquordiagnostik basiert in der Regel auf einer einmaligen Punktion. Wir können damit das klassische Tool der Analytik nichtlinearer Systeme, die Zeitreihenanalytik nicht anwenden. Diese bleibt den nichtinvasiven Methoden (EEG, Dynamik in der Bildgebung) überlassen.

Eine wissensbasierte Auswahl gekoppelter Parameter mag eine Alternative darstellen.

1. Die etablierte Basisdiagnostik im Liquor mit wissensbasierter Interpretation von Datenmustern kann bereits ein hervorragender Beitrag zur Diagnostik vieler neurologischer und psychiatrischer Erkrankungen sein. Voraussetzung ist allerdings, dass soweit wie nötig ein komplettes Muster mit entsprechend erweiterter Spezialanalytik durchgeführt wird. Die CSF-App zeigt dafür Beispiele und ein Interpretationstraining.
2. Der Vergleich von Proteinen mit verschiedenem Ursprung (Hirnzellen, Plexus, Leptomeningen, Blut) würde, z. B., wie dargestellt, auf die Spinalkanalstenose oder Tumormetastasen hinweisen.
3. Die Antikörperanalytik kann durch Unterscheidung zwischen spezifischen und polyspezifischen Antikörpern mit Menge und Avidität zwischen einem akuten und chronischen Prozess unterscheiden.

Die Analytik bei chronischen Erkrankungen erfordert allerdings eine qualifizierte Erweiterung der Diagnostik.

Die *Schrankenstörung* als Begleiterscheinung entzündlicher Prozesse bekommt mit dem Paradigmenwechsel der Schrankenfunktion als reduziertem Liquorfluss eine systematischere diagnostische Funktion. Der erhöhte Albuminquotient ist in diesen Fällen der Ausdruck einer pathologischen Störung am Plexus, dem Einfallstor entzündlicher Prozesse. Die hohe Exprimierungsrate von *β-Trace-Protein* im Plexus macht dieses Protein zu einem Kandidaten für eine erweiterte, kombinierte Diagnostik mit dem Albuminquotienten. Auch das im Plexus produzierte *Transthyretin* gehört dazu.

Eine besondere Rolle spielt die *Zytokinanalytik im Liquor wie im Blut* (Pleiotropismus). Der Aspekt der organübergreifenden Netzwerkeigenschaft der Zytokine kommt hier in die Diskussion. Die weiterführende Analytik kann die Suche nach organischen Veränderungen im systemischen Immunsystem, im endokrinen und im Nervensystem beinhalten.

Wir haben damit zwei Aspekte für die Diagnostik der chronischen Krankheiten gewonnen.

- Die Immunsystem-assoziierte Störung der Schrankenfunktion und
- Die Zytokin-assoziierte Veränderung der immunologischen Regulation

Ganz generell: Die Diagnostik braucht Informationen über das Gesamtsystem, nicht über die einzelnen Komponenten. Die Suche nach ständig neuen, für eine Krankheit spezifischen Surrogatmarkern ist also wenig zielführend.

Die Ausweitung mit neuen Parameterkombinationen (Zytokine, Neopterin, ß-trace-Protein, Proteine des nativen Immunsystems), die die Dynamik der Krankheitsregulation in den Netzwerken widerspiegeln, ist für die Diagnostik chronischer Krankheiten möglich. Die Entwicklung einer nichtinvasiven Analytik zur Interpretation von Zeitserien regulatorischer Parameter ist wünschenswert und denkbar, braucht aber die gezielte Finanzierung einer interfakultativen Zusammenarbeit.

8.2 Kausale Therapien?

Mit dem Verständnis der chronischen Krankheiten als optionaler Attraktor des Systems tun sich zwei grundlegende Fragen auf: Erstens kann man einen biologisch stabilen Attraktor ändern und zweitens, wie? Mit dem Beispiel der Abb. 5.1 (FHC) wurden konkrete Optionen diskutiert. Grundsätzlich entspricht in diesem Sinne eine therapeutische Perspektive der Destabilisierung des Systems (Zelle, Organismus). Das Ziel ist es, eine Bifurkation zu induzieren, die das System in einen anderen Attraktor wechseln lässt. Das lässt sich aber in selbstorganisierenden Systemen nicht steuern, wir wissen also nicht, in was für einen Attraktor das System wechselt. Mit der aus der Evolution abgeleiteten Annahme, dass die normalen, gesunden Regulationszustände die stabilsten sind, lässt sich erwarten, dass ein induzierter Attraktorwechsel nicht primär zum schlechteren Zustand für den Organismus führt.

Paradigmenwechsel – ein wissenschaftstheoretischer Kommentar 9

Die vorgestellten Wissensbasen, die die Diagnostik in der Neurologie und Psychiatrie verbessern und zu adäquaten therapeutischen Konsequenzen verhelfen können, sind nicht neu. Es ist auch offensichtlich, dass, z. B. die überholte Interpretation der Schrankenfunktion sowohl die Krankheitsforschung als auch eine adäquate therapeutische Behandlung der Patienten behindert. In den 95.000 Zitaten zur Blut Hirnschranke der letzten 10 Jahre sprechen die Autoren in 83 % von Impairment, 76 % halten einen Breakdown und 60 % eine Leakage fälschlicherweise für die adäquate Interpretation ihrer Daten. Auch dass die mögliche Rolle der genetischen Prädisposition bei vielen Erkrankungen ständig und unbegründet ins Spiel gebracht wird, ist nicht zielführend für eine Therapie. Das Konzept einer Gentherapie ist erwartungsgemäß gescheitert. Aber gerade diese Idee der Gentherapie basiert, bewusst oder unbewusst, auf einer Jahrhunderte andauernden Vorgeschichte in der Form der Präformation, die die Vorstellungen einer Epigenese der Gestalt (hier auch Krankheit) immer wieder verdrängt hat. Die molekularbiologische Ausrichtung des Biologieunterrichts der heute praktizierenden Mediziner hatte dieser im genetischen Programm von Jacob und Monod versteckten Schöpfungslehre nichts entgegenzusetzen, bis dann mit dem Human-Genome-Project wieder die Epigenese aufs Schild gehoben wurde. Solche für unser Denken und letztlich auch für unser (medizinisches) Handeln kritischen Zusammenhänge sichtbar zu machen, ist das Gebiet der Wissenschaftstheorie. In diesem Sinne können wir uns fragen, warum – wie bei vielen anderen gesellschaftlich relevanten Themen auch – eine widerlegte Theorie nicht längst durch die bestehende, bessere Theorie abgelöst worden ist.

H. Reiber, *Liquordiagnostik in der Neurologie*, essentials,
https://doi.org/10.1007/978-3-662-68136-7_9

Da auch die Wissenschaftstheorie Moden unterliegt, können wir nur die verschiedenen Ideen betrachten, die mit unterschiedlicher Relevanz unser Handeln beeinflussen, um damit kritischer umzugehen.

Das Kuhn'sche Modell der Wissenschaftsgeschichte, im Sinne eines von Karl Popper eingebrachten Falsifikations-Konzeptes und folgendem Paradigmenwechsel, ist in der Praxis sicher eine selten passierende Ausnahme. Der Wissenschaftsphilosoph Imre Lakatos verwarf sogar diese Auffassung, dass Theorien ganz aufgegeben werden müssen, wenn sie falsifiziert, d. h. von experimentellen oder empirischen Resultaten widerlegt wurden, als „naiven Falsifikationismus". Ein wichtiges Argument von ihm ist, dass es keine reinen Daten gibt, die nur aus Beobachtung bestehen. Jedwede Beobachtung ist nur möglich, weil ihr eine Theorie zugrunde liegt. Kurz gesagt: Auch eine Falsifikation kann falsch sein. Sein Freund, Paul Feierabend, der Anarchist unter den Wissenschaftstheoretikern, meint gar, es gäbe keinen systematischen Weg, um zu erkennen, was richtig oder falsch ist. Er formuliert: „Und wo Argumente doch eine Wirkung zu haben scheinen, da liegt es öfter an ihrer physischen Wiederholung als an ihrem semantischen Gehalt. Hat man einmal soviel zugestanden, so muss man auch die Möglichkeit nicht argumentbedingter Entwicklungen beim *Erwachsenen* wie auch bei den *Institutionen* wie Wissenschaft, Religion, Prostitution usw. zugeben" (Wider den Methodenzwang, Suhrkamp 1995, S. 23).

Das sind systemimmanente, theoretische Betrachtungsweisen. Einen völlig anderen Begründungszusammenhang finden wir im gesellschaftlichen Kontext. Dazu hat Michel Foucault Wesentliches beigetragen. Er hat die unbewussten Grundeinstellungen der wissenschaftlich Tätigen in Abhängigkeit von Gesellschafts-, Arbeits- und Machtstrukturen in der Geschichte seit der Renaissance untersucht. Wir können dies als praktizierende Forscher auch heute direkt nachvollziehen, dass sowohl die Wahl der erforschenswerten Gebiete, als auch die Akzeptanz für die daraus erzielbaren Ergebnisse, durch die Finanzierung von der Gesellschaft, den politischen Bedingungen und dem Zeitgeist mitbestimmt werden (Reiber 2017d).

Damit ist aber immer noch nicht erklärt, wie eine alle Gesellschaftssyteme überdauernde Existenz der Kontroversen zustande kommt. Ich habe an anderer Stelle (Reiber 2017c), am Beispiel der Geschichte der Entwicklungs- und Evolutionsbiologie seit Aristoteles, dargestellt, wie eine über Jahrtausende dauernde, parallele, unbeirrte Fortführung von zwei konkurrierenden Erzähltraditionen aussieht: Einerseits ist da die Linie der abstrakten Ideenlehre Platons, der religiösen Schöpfungsmythen, der kirchlich gestützten Präformation bis zum genetischen Programm. Auf der anderen Seite gibt es die vom Beobachten genährten Theorien von der „Kinetik" (biologische Gestaltwandlung) des Aristoteles, der Epigenese, den geometrischen Symmetrien in der Gestaltbildung bis zur Selbstorganisation stabiler Form des Phänotyps. Die Verständnislosigkeit der einen Gruppe für die Vorstellungen der anderen hat zu persönlichen Anfeindungen oder gar bis zum Verbrennen des Gegners geführt. Mit der zunehmenden neurobiologischen Erkenntnis wird klarer, dass die Problematik mit der Wahrheitsfindung kein wissenschaftliches, auch kein ursächlich gesellschaftliches Problem ist, sondern mehr mit einer besonderen Funktion unserer Gehirne zu tun hat. Mit der funktionalen Lateralisierung der beiden Hirnhemisphären kreieren wir die konkurrierende Welterfahrung bereits in uns selbst. Beide Hirnhälften sind strukturell wie funktional verschieden. Die meist linke Hirnhälfte sucht nach dem, was sie schon kennt und was in ihre vorhandenen Vorstellungen, das bereits Gelernte, passt. Die andere, die rechte Hirnhälfte, sucht nach allem, was neu ist, und verarbeitet auch komplexeste Zusammenhänge. Diese Hirnhälfte träumt und trägt zu gestalterischen, räumlichen Vorstellungen bei und ist auch eine wichtige Basis der Emotionen. Die Asymmetrie des Hirns ist stammesgeschichtlich alt und bei allen Vertebraten zu finden. Die unterschiedliche Funktion kann so einfach sein wie beim Huhn, das bei der Nahrungssuche mit dem rechten Auge und dem damit verbundenen linken Hirn die Körner von den Steinchen differenziert, während das linke Auge mit dem rechten Hirn sich allem Neuen, Unbekannten zuwendet, Veränderungen der Umwelt wahrnimmt und Gefahr durch Fressfeinde erkennt. Die entsprechende Kopfdrehung zur besseren Wahrnehmung des Unbekannten sehen wir auch bei Pferden.

Wir brauchen und nutzen für alle unsere Funktionen (Sprache, Kunst, Mathematik) beide Hirnhälften. Aber die verschiedenen Aufmerksamkeiten führen zu verschiedenen Konstrukten, Bildern, Ideen über die Welt, zu verschiedenen Realitäten, die widersprüchlich, unverträglich oder paradox erscheinen können (Reiber 2017c).

Die Komplexität unserer Welterfahrung sehen wir bereits in den Details der optischen Signalverarbeitung im Gehirn, z. B. an der Funktion des Kniehöckers (Corpus geniculatum laterale) der Sehbahn. In diesem Schaltzentrum zwischen Retina des Auges und visuellem Cortex wird aufgrund der Eingänge aller möglichen weiteren Sinneseindrücke, einschließlich der Emotionen, entschieden, was von den in der Netzhaut aufgenommenen Bildern letztlich an den Cortex zur Verarbeitung weitergeleitet wird. Da diese vielfältigen sensorischen Eingänge am Kniehöcker auch in subjektiven Lernprozessen entstanden sind, könnte man auch sagen, wir sehen nur, was wir für uns als wichtig gelernt haben, oder auch, wir sehen nur, was wir sehen können oder wollen.

Die Konsequenzen dieser gespaltenen Erfahrungswelt mit den Kontrollmechanismen in unseren Hirnen zeigen sich nicht nur in der anhaltenden

Koexistenz konkurrierender wissenschaftlicher Theorien, sondern auch in den gesellschaftlichen Überzeugungen und Auseinandersetzungen, wofür die aktuelle Covid-Diskussion eines der vielen kleineren Beispiele ist. Eine existenziellere Version unterschiedlicher „erfahrungsbasierter" Wahrnehmungen der Welt ist die internationale Klimadiskussion.

Aus der Vielfalt der angesprochenen, wissenschaftstheoretischen Zusammenhänge lernen wir, dass sehr viele der, einer Umsetzung von neuen Erkenntnissen im Wege stehenden, Mechanismen, vom Menschen geschaffen sind und Lernprozessen unterliegen. So gut wie die Epigenese sich immer wieder gegen die Schöpfungsmodelle durchsetzte, könnte sich ja auch ein komplexeres Denken des rechten Hirns gegen die aktuell vorherrschenden linearen Ursache-Wirkungs Mechanismen durchsetzen. Aus dem Gesagten ist deutlich, dass dafür sowohl Lernprozesse des forschenden, handelnden Individuums als auch wesentlich schwerer zu bewirkende Veränderungen in unseren kapitalistisch und weltanschaulich orientierten Gesellschaften nötig sind. Wir sollten in unserem Denken und Handeln der Konnektivität alles Lebendigen und dessen rhythmischer Dynamik mehr Raum geben können.

Erratum zu: Liquordiagnostik in der Neurologie

Erratum zu:
H. Reiber, *Liquordiagnostik in der Neurologie*,
https://doi.org/10.1007/978-3-662-68136-7

Die ursprüngliche Version dieses Buches wurde mit Fehlern in Tab. 2.1, Abb. 2.3 und Abschnitt 3.4 publiziert. Die Tabelle und die Abbildung sind nun korrigiert und werden wie nachstehend dargestellt. In Abschnitt 3.4. wurde der Satz „Da im Normalfall das kleinere Molekül immer einen kleineren Quotienten haben muss, würde QIgA> QIgG eindeutig signifikant auf eine intrathekale IgA-Synthese hinweisen, selbst wenn im Quotientendiagramm QIgA < QLim (IgA) wäre." korrigiert zu: „Da im Normalfall das größere Molekül immer einen kleineren Quotienten haben muss, würde QIgA> QIgG eindeutig signifikant auf eine intrathekale IgA-Synthese hinweisen, selbst wenn im Quotientendiagramm QIgA < QLim (IgA) wäre."

Die aktualisierten Versionen dieser Kapitel und des Buches finden Sie unter
https://doi.org/10.1007/978-3-662-68136-7
https://doi.org/10.1007/978-3-662-68136-7_2
https://doi.org/10.1007/978-3-662-68136-7_3

Tab. 2.1 Molekülgrößen-bezogene Konzentrationsgradienten zwischen normalem Blut und normalem lumbalem Liquor. IgG, monomeres IgA, pentameres IgM and monomere Freie Leichtketten kappa (FLC-K). R = effektiver mittlerer Molekülradius (diffusionsrelevant); MG = Molekulargewicht; zugrunde gelegt wurden Liquor/Serum-Verhältnisse aus den Hyperbelfunktionen bei QAlb = 5×10^{-3}

	MG (kDa)	R (nm)	Serum g/l	Ser: CSF Mean
Alb	69	3,58	35–55	200:1
IgG	150	5,34	7–16	429:1
IgA	160	5,68	0,7–4,5	775:1
IgM	971	12,1	0,4–2,6	3300:1
FLC-K	22,5	n.d	≈ 0,01	100:1

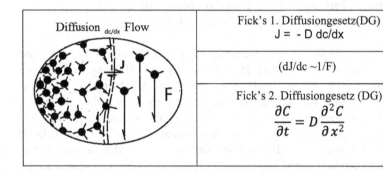

Abb. 2.3 Diffusions-Fluss Modell der Schrankenfunktion. Der Molekülstrom J (1.DG) verändert sich nichtlinear (Gauß-Funktion) mit abnehmender Geschwindigkeit des Liquorflusses, F, beschrieben mit dem 2.DG

Ebenfalls wurden Korrekturen im Anhang „A1. Das Diffusions-Fluss Modell" vorgenommen. Auf S. 67 wurde das zweite Diffusionsgesetz korrigiert von „$\delta c/\delta t = D \, \delta^2 c / \delta^2 x$" zu „$\delta c/\delta t = D \, \delta^2 c / \delta x^2$". Auf S. 69 wurde Gleichung 5b korrigiert von:

$$\text{erfc } z = \frac{2}{\sqrt{\pi}} \int_0^z e^{-z^2} dz$$

zu:

$$\text{erfc } z = \frac{2}{\sqrt{\pi}} \int_z^\infty e^{-z^2} dz$$

Was Sie aus diesem *essential* mitnehmen können

- Ein besserer Umgang mit Gesundheit wie Krankheit in der Medizin ist möglich, wenn biologische und naturwissenschaftliche Grundprinzipien besser integriert werden.
- Pathomechansmen der (chronischen) Krankheiten, als auch deren Diagnostik- und Therapie-Modellen sollten Ausdruck komplexer dynamischer Zusamenhäge in selbstorganisierenden Netzwerken sein.
- Die notwendigen Paradigmenwechsel benötigen mehr als nur wissenschaftliche Richtigkeit. Es ist es Wert unsere gesellschaftlich und politisch bedingten Behinderungen zu hinterfragen.

Anhang

Mathematik der Diffusion und Hyperbelfunktion

A 1. Das Diffusions-Fluss Modell

Der Diffusions-Fluss Zusammenhang ist im Modell der Abb 2.2 dargestellt. Die symmetrische Konzentrationsverteilung der diffundierenden Partikel um x=0 ist nur in Richtung positiver x-Werte dargestellt (s. auch Abb. A1 und Gl. 2). Die nichtlineare Veränderung des Molekülstromes dJ/dc bei ansteigendem Diffusionsweg (Differenzierung entsprechend der Änderung der Tangentensteigungen dc/dx in Abb. 2.2) entspricht einer Gaußfunktion (Abb. A1). Diese Funktion in Gl. (1) ist eine implizite Lösung des zweiten Diffusionsgesetzes $\delta c/\delta t = D\, \delta^2 c/\delta x^2$ (Abb. 2.3).

$$C(x) = \frac{A}{\sqrt{t}} \exp\left(-x^2/4Dt\right). \qquad (1)$$

A ist eine Konstante und D ist der Molekülgrößen-abhängige Diffusionskoeffizient,

Durch Integration von Gl. (1) erhält man die Funktion für die nichtlinearen Konzentrations-Kurven (A, B, C in Abb. 2.2 und C(x) in Abb. A1), für den Bereich x bis ∞.

$$C_{x,\,t} = \frac{C_0}{2\sqrt{\pi Dt}} \int_x^\infty e^{-\left(x^2/4Dt\right)}\, dx \qquad (2)$$

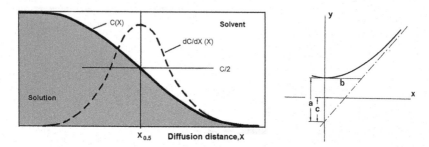

Abb. A1 Konzentrationsverlauf der Diffusion, C(X) (Gl. 2) im Bereich positiver x-Werte. Die Steigungsänderung dC/dX (X) ist eine Gauß-Kurve um die mittlere Eindringtiefe $X_{0,5}$. Das Diagramm rechts zeigt einen Ast der hyperbolischen Funktion mit der Asymptote a/b und der Koordinatentransformation c

Die Gl. (2) beschreibt die zeitabhängige Konzentrationsverteilung für jedes einzelne der verschiedenen Moleküle mit verschiedenen Diffusionskonstanten (D_A, D_B, D_C mit den Eindringtiefen X_A, X_B, X_C in Abb. 2.2). Die Kurvenfunktionen können verallgemeinert werden mit der von Einstein eingeführten mittleren Eindringtiefe in Gl. (3).

$$X_{0,5} = \sqrt{2Dt} \tag{3}$$

Verallgemeinert (normiert für D bei konstanter Zeit t) erhält man dann als neuen Achsenparameter z statt x (Abb. 2.2 und A1) mit den Zusammenhängen $z = x/2\sqrt{Dt}$ *und* $dx = 2\sqrt{Dt}dz$ aus Gl. (2) die vereinfachte Gl. (4)

$$C_{x,t} = \frac{C_0}{\sqrt{\pi}} \int_z^\infty e^{-z^2} dz \tag{4}$$

Das ist immer noch eine implizite Funktion, die nicht nach z aufgelöst werden kann.

Als Näherungs-Lösung wurden zwei trigonometrische Reihen gefunden (Ref. in Reiber 1994). Für den oberen Konzentrationsbereich (Abb. A1 < $X_{0.5}$) wird die Error function, erf z, und für den unteren Konzentrationsbereich (Abb. A1 > $X_{0.5}$) die Error function complement, erfc z = 1-erf z, verwendet.

Damit ergibt sich Gl. (5a) mit den Grenzen zwischen 0 bis z und Gl. 5b für z bis ∞, getrennt für die Beschreibung der beiden Teile der Diffusionskurve (Abb. A1).

$$\text{erf } z = \frac{2}{\sqrt{\pi}} \int_0^z e^{-z^2} \, dz \tag{5a}$$

und

$$\text{erfc } z = \frac{2}{\sqrt{\pi}} \int_z^\infty e^{-z^2} \, dz \tag{5b}$$

Das Integral in der trigonometrischen Funktion ist unbestimmt (Gl. 6), aber es gibt Näherungen für die verschiedenen Bereiche von z, die in Tabellen angegeben sind (Beispiel und Referenz in Reiber, 1994).

$$\text{erfc } z = \frac{1}{\sqrt{\pi}} e^{-z^2} \left(\frac{1}{z} - \frac{1}{2z^3} + \frac{1}{2^2} \frac{3}{z^5} - \frac{1}{2^3} \frac{3 \cdot 5}{z^7} \right) \tag{6}$$

Da sich die diagnostisch relevanten Konzentrationsänderungen im Liquor im Bereich der niedrigen Konzentrationen (Abb. A1, $> X_{0,5}$) abspielen, entwickelt man weiter mit Error function complement, erfc (Gl 5b).

Mit der Gl. 5b für erfc kann man Gl. (4) als Gl. (7) für den unteren Kurventeil schreiben:

$$C_{x,t} = \frac{C_0}{2} \text{ erfc } \frac{x}{2\sqrt{Dt}} \tag{7}$$

oder vereinfacht mit $z = \frac{x}{2\sqrt{Dt}}$ als einfachste, berechenbare Gleichung der Konzentrationsverteilungskurve:

$$Q_{x,t} = C_{x,t} / C_0 = 0,5 \text{ erfc } z \tag{8}$$

Herleitung der Hyperbelfunktion für niedrige Liquorkonzentrationen

Die Hyperbelfunktion (Abb. A1b) charakterisiert die universelle Grenzlinie (Abb. 2.4 und 3.1) zwischen einer aus dem Blut und einer aus dem Hirn stammenden Proteinfraktion in den Quotientendiagrammen.

Ziel der Herleitung der Hyperbelfunktion ist es nun, das Verhältnis der Molekülkonzentration QB (z. B. QIgG) zur Molekülkonzentration QA (z. B. QAlb) bei sich ändernder Liquorflussgeschwindigkeit zu bestimmen. Das Verhältnis der Konzentrationen QB:QA bei xp in Abb. 2.2 kann nicht direkt bestimmt werden. Das erfordert eine besondere Anwendung der mittleren quadratischen Verschiebung (mittlere Eindringtiefe).

Die Kurven für A und B in Abb. 2.2 haben die gleiche allgemeine mathematische Funktion $C_{x,t}$ (Gl. 7) oder $Q_{x,t}$ (Gl. 8). Kurve A für das kleiner Molekül hat die größere quadratische Verschiebung (Eindringtiefe $X_A > X_B$) aufgrund des größeren Diffusionskoeffizienten ($D_A > D_B$, Gl. 2) und entsprechend höhere Konzentrationen in Gewebe und Liquor (Q_A). Die Konzentrationen (bei gemeinsamem Diffusionsweg im Gewebe) an der Grenzfläche x_p sind entsprechend Gl. (7):

$$C_{x,t}(A) = \frac{C_0}{2} \operatorname{erfc} \frac{x(p)}{2\sqrt{D(A)t}} \text{ and } C_{x,t}(B) = \frac{C_0}{2} \operatorname{erfc} \frac{x(p)}{2\sqrt{D(B)t}}$$

Durch die Einführung der Projektion von Q_A (Wert auf Kurve A bei x_p) auf die Kurve B (Abb. 2.2) erhalten wir den gleichen Konzentrationswert für Q_A bei x' auf Kurve B wie Q_A bei x_p in Kurve A (Abb. 2.2). Diese Transformation war mein entscheidender Lösungsweg: *Wir erhalten das Konzentrationsverhältnis von zwei verschiedenen Molekülen als zwei verschiedene Abstände von x auf derselben Kurve mit einer gemeinsamen Funktion.* Damit ist der Vergleich von $Q_B:Q_A$ möglich, ohne die absoluten Werte Q_A, Q_B zu kennen.

Als Konsequenz können wir schreiben: $Q_B:Q_A = erfc\frac{xp}{2\sqrt{D_B t}} : erfc\frac{x'}{2\sqrt{D_B t}}$.

Mit $\frac{x'}{2\sqrt{D_B t}} = \frac{xp}{2\sqrt{D_A t}}$ oder x' = xp $\sqrt{D_B/D_A}$ und z = $\frac{x}{2\sqrt{Dt}}$ finden wir $Q_B = \frac{erfcz}{erfcz\sqrt{D_B/D_A}} Q_A$ oder

$$Q_B = \frac{erfcz\sqrt{D_B/D_A}}{erfcz} Q_A \tag{9}$$

Diese Gleichung zeigt, dass das Verhältnis der Quotienten QB/QA bei Veränderung der Flussgeschwindigkeit allein von dem Verhältnis der Diffusionsquotienten D_A/D_B abhängt.

Wenn B das größere Molekül ist, ist QB < QA und DB> DA. Damit ist die Gl. (9) in sich konsistent. (In der Originalarbeit (Reiber 1994) sind die Buchstaben A und B verwechselt).

Diese Gl. (9) ist nicht direkt als eine hyperbolische Funktion (Abb. A1b) erkennbar und auch nicht mathematisch dazu umformbar. Aber durch den praktischen Vergleich der Gl. (9) mit der bekannten expliziten hyperbolischen Funktion (Gl. 10) für ein beliebiges Verhältnis von D_A zu D_B ist es möglich, die Übereinstimmung empirisch zu bestätigen.

$$Q_{IgG} = a/b\sqrt{(Q_{Alb})^2 + b^2} - c \tag{10}$$

Für Gl. (9) wurden mit einem willkürlichen Verhältnis von $D_B/D_A = 2{,}25{:}1$ oder $\sqrt{D_A/D_B} = 1{,}5{:}1$ die passenden Werte für z und z $\sqrt{D_A/D_B}$ aus einer

Tabelle (Internet, s. in Reiber 1994) für erfc z abgelesen. Diese Wertepaare aus der Tabelle sind über drei Größenordnungen mit den explizit berechneten Werten der hyperbolischen Funktion (Gl. (10) und Abb. A1b) zu fitten. Die implizite Gl. (9) ist eine hyperbolische Funktion. *Damit konnte gezeigt werden, dass die empirisch gefitteten Hyperbelfunktionen (Abb. 2.4) mathematisch aus den Diffusionsgesetzen ableitbar sind, unter der Annahme, dass der Liquorfluss die alleinige Ursache der Konzentrationszunahme bei der Schrankenstörung ist.*

Herleitung der Hyperbelfunktion für hohe Liquorkonzentrationen

Kleine Moleküle deren Konzentration bei einer Schrankenstörung schneller zu Werten von $Q = 0,5$ oder $500*10^{-3}$ kommen, benötigen zumindest aus theoretischen Gründen eine Definition ihrer Referenzbereiche für Werte $Q > 0,5$. Als Beispiel ist die Kurve für FLC-K in Abb. 2.4b gezeigt. Für diesen Bereich ist als Lösung der Konzentrationsverteilungsfunktion die Gl. 5a mit erf statt erfc zuständig. Entsprechend der bereits gezeigten Ableitung erhalten wir auch die Gleichung für den Hyperbel-Ast bei hohen Konzentrationen.

$$Q_B = \frac{erf\, z\sqrt{D_B/D_A}}{erf\, z}\, Q_A \qquad (11)$$

Für den Vergleich mit einer expliziten hyperbolischen Funktion müssen wir einen zweiten Zweig derselben konjugierten Hyperbelfunktion charakterisieren, aber für neg x und neg y ($y^2/a^2 - x^2/b^2 = 1$). Mit einer Verschiebung des Scheitelpunkts des Zweiges 2 von (y/x) = (-a/0) nach (0,5/0,5) verschieben wir die Kurve des Zweiges 2 an die entsprechende Position (FLCk in Abb. 2.4b). Mit dieser Verschiebung erhalten wir allgemein $y = Q_B - a - 0,5$ und $x = Q_A - 0,5$ und die explizite hyperbolische Funktion (Gl.12). Da beide Funktionen für niedrige, Gl. (9), und hohe, Gl. (11), Konzentrationen Zweige der gleichen konjugierten Hyperbel sind, müssen sie die gleiche Steigung a/b für die Asymptote haben.

$$Q_B = -a/b\sqrt{(Q_A - 0,5)^2 + b^2} + a + 0,5. \qquad (12)$$

Im praktischen Beispiel für FLCk mit $y = Q_{Kappa} + c - a - 1$ und $x = QAlb - QAK$ erhalten wir die explizite Funktion, die in Abb. 2.4b als Ergänzung zur sigmoiden Gesamtkurve gezeigt ist.

$$Q_{Kappa} = 1 + a - a/b\sqrt{(QAlb - QAK)^2 + b^2} - c \qquad (13)$$

Literatur

Liquordiagnostik

Reiber H, Uhr M (2020) Physiologie des Liquors. In: Berlit P. (Hrsg) Klinische Neurologie. Springer, Berlin, Heidelberg. S 107–125

Uhr M, Reiber H (2020) Liquordiagnostik. In: Berlit P (Hrsg) Klinische Neurologie, Springer, S 213–244

Reiber H (2016a) Cerebrospinal fluid data compilation and knowledge-based interpretation of bacterial, viral, parasitic, oncological, chronic inflammatory and demyelinating diseases: Diagnostic patterns not to be missed in Neurology and Psychiatry. Arq Neuropsiquiatr 74:337–350

Reiber H (2016b) Knowledge-base for interpretation of Cerebrospinal fluid data patterns – Essentials in Neurology and Psychiatry. Arq Neuropsiquiatr 74:501–512

Wildemann B, Oschmann P, Reiber H (2010) Laboratory diagnosis in Neurology Thieme Verlag, Stuttgart

Reiber H (2003) Proteins in cerebrospinal fluid and blood: Barriers, CSF flow rate and source-related dynamics. Restor Neurol Neurosci 21:79–96

Schranken

Bradbury M (1979). The concept of a Blood-Brain-Barrier. Wiley, Chichester

Davson H, Segal MB (1996) Physiology of the CSF and blood-brain barriers. CRC, Boca Raton

Reiber H (2021a) Blood-CSF barrier dysfunction means reduced cerebrospinal fluid flow not barrier leakage: conclusions from CSF protein data. Arq Neuropsiquiatr 79:56–67

Reiber H (2021b) Non-linear ventriculo – lumbar protein gradients validate the diffusion-flow model for the blood-CSF barrier. Clin Chim Acta 513:64–67

Reiber H (1994) Flow rate of cerebrospinal fluid (CSF)- a concept common to normal blood-CSF barrier function and to dysfunction in neurological diseases. J Neurol Sci 122:189–203

© Der/die Herausgeber bzw. der/die Autor(en), exklusiv lizenziert an Springer-Verlag GmbH, DE, ein Teil von Springer Nature 2023, korrigierte Publikation 2024
H. Reiber, *Liquordiagnostik in der Neurologie*, essentials,
https://doi.org/10.1007/978-3-662-68136-7

Chronische Krankheit

Bechter K (2020) The challenge of assessing mild Neuroinflammation in severe mental disorders. Frontiers in Psychiatrie. 11:773

Reiber H (2017a). Chronic diseases with delayed onset after vaccinations and infections: A complex systems approach to pathology and therapy, J Arch Mil Med. 2017a 5(3):e12285. https://doi.org/10.5812/jamm.12285

Reiber H (2017b). Polyspecific antibodies without persisting antigen in multiple sclerosis, neurolupus and Guillain-Barré syndrome: immune network connectivity in chronic diseases. Arq Neuropsiquiatr 2017b 75(8):580–588. https://doi.org/10.1590/0004-282X20170081

Reiber H (2012a) Epigenesis and epigenetics- understanding chronic diseases as a selforganizing stable phenotype Neurol. Psych. Brain Res. 18:79–81

National Academies of Sciences, Engineering and Medicine (2016) Gulf War and health. Update of health effects in the Gulf War. The National Academies Press, Washington DC (10)

Reiber H, Davey B (1996) Desert-storm-syndrome and immunization. Arch Internal Med 156:217

Terryberry J et al (1995) Myelin- and microbe-specific antibodies in Guillain-Barre syndrome. J Clin Lab Anal 9:308–319

Komplexität

Briggs J, Peat FD (1997) Die Entdeckung des Chaos. DTV, München

Gleick J (1987). Chaos. Making a new science. Penguin Books, N.Y.

Reiber H (2012b). Komplexität und Selbstorganisation stabiler biologischer Gestalt in Epigenese und Evolution –Von der genozentrischen zur phänozentrischen Biologie. In: Kaasch, et al (Hrsg.). Verhandlungen zur Geschichte und Theorie der Biologie, Berlin: VWB. Bd 17, S 37–80

Reiber H (2007) Die Komplexität biologischer Gestalt als zeitunabhängiges Konstrukt im Zustands-Raum. Zum naturwissenschaftlichen Umgang mit Qualitäten. In: Doris Zeilinger (Hrsgg) VorSchein, Jahrbuch der Ernst-Bloch-Assoziation, Antogo Verl. Nürnberg, S 39–61

Schröder M (1994) Fraktale, Chaos und Selbstähnlichkeit. Spektrum-Verlag, Heidelberg

Hess B, Boiteux A (1980) Glykolyse Oszillation. Ber Bunsenges Phys Chem 84:392

Goodwin BC (2007) How the Leopard Changed Its Spots: The Evolution of Complexity. NJ: Princeton University Press und (1997) Der Leopard, der seine Flecken verliert. Evolution und Komplexität. Piper Verlag, München

Mandelbrot BB (1977) Fractals: Form, Chance and Dimension. WH Freeman &Co

Mayer H, Zaenker KS, An Der Heiden U (1995) A basic mathematical model of the immune response. Chaos 5(1):155–161. https://doi.org/10.1063/1.166098

Wissenschaftstheorie

Reiber H (2017c c). Genetisches Programm und Selbstorganisation stabiler Form. Die zwei Hirnhälften und Jahrtausende Koexistenz kontroverser Sicht der Welt. In: Kaasch (Hrsg.). VWB-Verlag für Wissenschaft und Bildung, Berlin, Bd 19, S 189–213

Reiber, H (2017d) Wissenschaft und Gesellschaft in der DDR und BRD. Ein Vergleich mit Beispielen aus der Biologie und Medizin. In: Kaasch et al (Hrsg). VWB-Verlag für Wissenschaft und Bildung, Berlin, Bd 20, S 151–178

Reiber H (2016c) Liquordiagnostik in Deutschland nach 1950. Entwicklungen im Kontext von Wissenschaft und Gesellschaft in DDR und BRD. Nervenarzt 87:1261–1270

Reiber H (2008). Von Lichtenbergs „Gespenst" zur Emergenz der Qualität. Die neurobiologische Hirn-Geist-Diskussion im Licht der Komplexitätswissenschaft. In: U.Joost und A.Neumann (Hrsg) Lichtenberg Jahrbuch 2008, S 65–93

Prigogine I (1997). The End of Certainty. Time, Chaos and the New Laws of Nature. The Free Press, New York

Software

Reiber H (2020) Software for cerebrospinal fluid diagnostics and statistics. Rev Cuba Investig Biomed 39(3):740

CSF-App, www.albaum.it

CSF Research Tool/Reibergrams. Protein Statistics, www.albaum.it

www.horeiber.de

Printed in the United States
by Baker & Taylor Publisher Services

Printed in the United States
by Baker & Taylor Publisher Services